NCS 기반

JN444227

Basic Makeup

김선영

MAKE UP FOR EVER

CHUNG KU PUBLISHER

머리말

국가직무능력표준(NCS, National Competency Standards)이란 산업현장에서 직무를 수행하기위해 요구되는 지식·기술·태도 등의 내용을 국가가 체계화한 것을[1] 일컫는다. 이에 베이직 메이크업은 2016년 새롭게 바뀐 NCS메이크업_β버전 기준에 적합한 3가지 능력단위를 바탕으로 2수준 과정의 베이스메이크업(1201010316_16v3) 능력단위요소로 피부표현 메이크업하기, 얼굴윤곽 수정하기, 색조메이크업(1201010317_16v3) 능력단위요소로 아이브로 메이크업하기, 아이메이크업하기, 립&치크 메이크업하기, 속눈썹 연출(1201010318_16v3) 능력단위요소로 인조속눈썹 디자인하기, 인조속눈썹 작업하기로 이루어져 있다.

베이직메이크업의 직무능력을 완성하기 위해 학습자 자가진단서와 직무능력 평가서, 주별 수업지도안, 주차별 학습목표, 수행내용 등을 제시하고 있으며 학습자 스스로가 수행한 내용을 성공적으로 수행하고 점검할 수 있도록 구성되어 있다.

본 교재는 메이크업을 처음 입문하는 사람들과 국가미용자격증(메이크업) 이론서를 접하고자하는 분들을 위해서 현장전문가들의 조언과 최신트렌드를 담아 독자들이 쉽게 이해할 수 있도록 정리하였다.

끝으로 본 저서가 나오기까지 물심양면으로 도와주신 청구문화사 임직원들에게 감사드립니다.

2016년 12월

1) http://www.ncs.go.kr/ncs/page.do?sk=P1A1_PG01_001

Contents

1. NCS - 교수학습지침서의 위치

대분류	이용 · 숙박 · 여행 · 오락 · 스포츠
중분류	이 · 미용
소분류	이 · 미용 서비스

• 직무정의

메이크업은 특정한 상황과 목적에 맞는 이미지, 캐릭터 창출을 목적으로 이미지분석, 디자인, 메이크업, 뷰티코디네이션, 후속관리 등을 실행함으로써 얼굴·신체를 연출하고 표현하는 일이다.

세분류

세분류	능력단위(학습모듈)	교수·학습지침서명
	메이크업 위생관리	
	메이크업 고객서비스	
	메이크업 카운슬링	
헤어미용	퍼스널 이미지 제안	
피부미용	메이크업 기초화장품 사용	
메이크업	베이스 메이크업	
네일미용	색조 메이크업	**메이크업 기초**
이용	속눈썹 연출	
	속눈썹 연장	
	뷰티스타일링	
	웨디이미지 제안	
	리허설 웨딩 메이크업	
	본식 웨딩 메이크업	

응용 메이크업

트랜드 메이크업

영화드라마 메이크업

광고 메이크업

미디어 캐릭터 메이크업

무대공연 스트레이트 메이크업

무대공연 캐릭터 메이크업

스페셜 이펙트 메이크업

스페셜 이펙트 메이크업 슬랩 부착

실리콘 스페셜 이펙트 메이크업 준비

촬영현장 스페셜 이펙트 메이크업

판타지 메이크업

바디페인팅

에어브러시 메이크업

스킨아트 문양 디자인

스킨아트 메이크업

메이크업 트랜드 개발

메이크업 트랜드 홍보

메이크업 경영관리

2. 교과목과 관련된 NCS 능력단위 명세서 [메이크업 기초]

분류번호 : 1201010316_16v3

능력단위 명칭 : 베이스 메이크업

능력단위 정의 : 베이스 메이크업은 피부 이미지 표현을 극대화하기 위하여 색조 메이크업 전 단계로 메이크업 베이스에서 파우더까지 실행할 수 있는 능력이다.

능력단위요소	수행준거
1201010316_16v3.1 피부표현 메이크업하기	1.1 얼굴의 피부색 및 피부 톤에 따른 베이스 제품을 구분할 수 있다. 1.2 베이스 제품의 질감, 발림, 밀착성 등을 고려하여 제품을 선택할 수 있다. 1.3 베이스 제품의 특성에 따른 표현 도구를 사용할 수 있다.
	【지 식】 ○ 베이스제품의 제형, 성분, 색상 등의 지식 ○ 베이스제품 도구 활용 지식
	【기 술】 ○ 피부표현 메이크업 기법 ○ 베이스제품 도구 활용 기술 ○ 베이스제품 질감, 컬러 등의 표현 기술
	【태 도】 ○ 고객의 피부상태진단을 위한 세심한 태도 ○ 피부상태진단에 필요한 도구관리·유지 태도 ○ 베이스제품별 특성을 정확하게 구분하는 태도
1201010316_16v3.2 얼굴윤곽 수정하기	2.1 얼굴 피부 유형, 피부 톤 상태에 따른 윤곽 수정 제품을 사용할 수 있다. 2.2 피부의 추가적인 결점 보완을 위한 제품을 선택할 수 있다.
	【지 식】 ○ 얼굴 피부 유형, 피부 톤 관련 지식 ○ 피부결점 보완 제품 활용 지식
	【기 술】 ○ 얼굴윤곽 수정 기술 ○ 피부결점 보완 기술
	【태 도】 ○ 얼굴윤곽 수정에 따른 베이스제품을 구분하는 태도 ○ 고객의 얼굴윤곽 수정을 위한 세심한 태도

⊙ 적용범위 및 작업 상황

고려사항

- 이 능력단위는 베이스 메이크업에 대한 능력이다.
- 이 능력단위는 고객이 안정감과 신뢰감을 얻을 수 있는 작업환경과 컬러진단에 필요한 자연광에 가까운 조명과 시설이 필요하다.
  - 메이크업의 발색, 표현력을 부각시킬 수 있는 조명이 필요하다.
  - 충분한 환기가 가능한 공간과 시설이어야 한다.
  - 소음을 방지할 수 있는 공간과 시설이어야 한다.
- 피부에 추가적인 문제점이 발생되었을 때 다음과 같은 조치를 취할 수 있다.
  - 기초제품이 밀릴 경우에는 미스트를 스펀지에 뿌려 해당 부분을 닦아내고 다시 베이스 메이크업을 해준다.
  - 각질이 많아 베이스 제품이 흡수되지 못할 시에는 면봉에 크림이나 오일을 묻혀 해당 부분을 문지르듯이 닦아 주고, 어느 정도 각질을 정리한 후 베이스 제품을 손으로 두들겨 발라준다.
- 피부색 표현을 위한 베이스 메이크업에 있어 다음의 사항을 고려해야 한다.
  - 최근에는 자연스러운 피부 톤을 중시하는 추세이므로 베이스 메이크업 시, 피부트러블에 대한 결점 보완을 중시해야 한다.
  - 베이스 메이크업에서 가장 중요한 과제는 피부상태에 대한 파악이다.
  - 예를 들어 피부 톤이 붉은 경우 해당 부분에만 코렉터(컬러베이스)를 사용하여 가볍게 발라주고 건조한 피부일 경우 수분을 많이 포함한 베이스를 발라 결을 살려 표현해주어야 한다.
  - 대부분의 경우 베이스 메이크업은 보습 혹은 밀착력을 도와주는 제품을 선택한다.
- 베이스 메이크업 제품 재료 특성은 다음과 같다.
  - 베이스 메이크업 제품의 질감은 메이크업 트렌드에 따라 변할 수 있으며, 최근에는 자연스러운 피부표현을 위하여 소프트한 제형의 제품이 주를 이루나, 피부상태에 따라 커버력이 필요할 경우 질감이 다소 매트한 제형의 제품을 사용할 수 있다.
  - 일반적으로 베이스 제품의 질감이 소프트할수록 커버력은 떨어지나 발림성은 좋고, 매트한 질감일수록 커버력은 좋고, 발림성이 떨어지는 등의 제품 특성이 있다.

자료 및 관련 서류

- 메이크업관련 자료

장비 및 도구

- 거울이 포함된 작업대
- 메이크업 공용 의자
- 의자(높이 조절이 가능한 메이크업 의자)

재료

- 메이크업 키트

⊙ 평가지침

평가방법

- 평가자는 능력단위 베이스 메이크업 수행준거에 제시되어 있는 내용을 평가하기 위해 이론과 실기를 나누어 평가하거나 종합적인 결과물의 평가 등 다양한 평가 방법을 사용할 수 있다.
- 피 평가자의 과정평가 및 결과평가 방법

평가방법	평가유형	
	과정평가	결과평가
A. 포트폴리오		
B. 문제해결 시나리오		
C. 서술형시험		
D. 논술형시험		
E. 사례연구		
F. 평가자 질문	✓	✓
G. 평가자 체크리스트	✓	✓
H. 피평가자 체크리스트	✓	✓
I. 일지/저널		
J. 역할연기		
K. 구두발표		
L. 작업장평가	✓	✓
M. 기타		

평가 시 고려사항

- 수행준거에 제시되어 있는 내용을 성공적으로 수행할 수 있는지를 평가해야 한다.
- 평가자는 다음 사항을 평가해야 한다.
  - 피부표현 기본 테크닉
  - 메이크업 테크닉의 숙련도, 재료사용법
  - 베이스 메이크업 완성도

⊙ 직업기초능력

순 번	직업기초능력	
	주요영역	하위영역
1	의사소통능력	문서이해 능력, 경청능력, 의사표현 능력
5	자원관리능력	물적자원관리능력, 인적자원관리능력
6	대인관계능력	협상능력, 고객서비스능력
8	기술능력	기술이해능력, 기술선택능력, 기술적용능력
9	조직이해능력	경영이해능력, 업무이해능력
10	직업윤리	근로윤리

⊙ 개발 이력

구 분		내 용
직무명칭		메이크업
능력단위 보완유형		능력단위 분할
분류번호	기존	1201010303_14v2
	보완	1201010316_16v3
개발연도	현재	2016
	2차	2014
	최초(1차)	2011
버전번호		v3
개 발 자	현재	(사)대한미용사회
	2차	(사)대한미용사회
	최초(1차)	한국산업인력공단
향후 보완 연도(예정)		2019
능력단위 보완사유		능력단위 분할

분류번호 : 1201010317_16v3

능력단위 명칭 : 색조 메이크업

능력단위 정의 : 색조 메이크업은 고객의 얼굴 형태와 특성, 이미지 등과 조화를 이룰 수 있는 아이브로, 아이, 립&치크 메이크업을 실행할 수 있는 능력이다.

능력단위요소	수행준거
1201010317_14v3.1 아이브로 메이크업하기	1.1 눈썹형태, 얼굴형, 디자인 등에 따른 아이브로 이미지를 구분할 수 있다. 1.2 얼굴형태, 메이크업 디자인을 위한 눈썹을 정리할 수 있다. 1.3 아이브로 이미지 표현을 위해 색상, 형태 등을 수정·보완 할 수 있다. 1.4 메이크업디자인, 스타일 등에 따른 아이브로를 표현할 수 있다.
	【지 식】 ○ 얼굴 형태에 따른 눈썹 이미지 표현 지식 ○ 눈썹 결 방향, 위치, 길이, 숱 등을 파악하는 지식 ○ 아이브로 관련 제품의 특성
	【기 술】 ○ 얼굴형에 따른 아이브로 메이크업 표현 기법 ○ 아이브로 수정 보완 기법 ○ 아이브로 제품 활용 기술 ○ 아이브로 제품의 질감, 컬러 등의 표현 기술
	【태 도】 ○ 다양한 아이브로 표현을 연습하는 태도 ○ 아이브로 표현 도구, 재료, 제품을 최상의 상태로 관리하는 태도
1201010317_14v3.2 아이 메이크업하기	2.1 재료의 특성에 따른 질감, 발색, 밀착성, 발림성 등을 구분·선택할 수 있다. 2.2 눈의 형태, 결점보완을 위한 아이섀도를 사용할 수 있다. 2.3 메이크업 디자인에 적합한 눈매를 표현할 수 있다. 2.4 눈의 형태, 눈동자, 모발 및 눈썹 등을 고려하여 아이라인을 표현할 수 있다. 2.5 속눈썹 상태, 메이크업 디자인에 적합한 마스카라 제품을 사용할 수 있다.
	【지 식】 ○ 눈 형태별 아이섀도 활용 지식 ○ 눈 형태별 아이라이너 표현 지식 ○ 속눈썹 상태에 따른 마스카라 활용 지식
	【기 술】 ○ 눈의 형태별 아이섀도 테크닉 ○ 눈의 형태별 아이라이너 테크닉 ○ 속눈썹 상태별 마스카라 테크닉
	【태 도】 ○ 도구, 재료, 제품을 청결히 유지하려는 태도 ○ 눈 메이크업 표현을 위한 정교하고 섬세한 태도

능력단위요소	수행준거
1201010317_14v3.3 립&치크 메이크업하기	3.1 입술 형태에 따른 립 메이크업을 디자인 할 수 있다. 3.2 입술 형태, 상태에 따른 립 메이크업 제품을 선택할 수 있다. 3.3 입술 형태에 따른 립 메이크업을 수정 보완할 수 있다. 3.4 얼굴 형태, 피부 톤, 메이크업디자인에 따른 치크 메이크업을 디자인 할 수 있다. 3.5 제품 유형별 표현 이미지를 구분하여 치크 메이크업을 실행 할 수 있다. 3.6 메이크업 이미지에 따른 립&치크 컬러를 연출 할 수 있다.
	【지 식】 ○ 립&치크 메이크업제품의 특성에 대한 지식 ○ 제품의 질감, 발색, 밀착성, 발림성에 대한 지식 ○ 립&치크 형태에 대한 지식 ○ 립&치크 제품 재료 성분지식 ○ 색채 조화, 조색에 관한 지식
	【기 술】 ○ 립&치크 메이크업 표현 기술 ○ 립&치크 메이크업 컬러 등의 믹싱 기법
	【태 도】 ○ 립&치크 메이크업 도구, 재료를 사용, 활용하려는 태도 ○ 립&치크 메이크업에 필요한 도구관리유지 태도 ○ 립&치크 메이크업 제품 청결을 유지하려는 태도

⊙ 적용범위 및 작업 상황

고려사항

- 이 능력단위는 색조메이크업에 대한 능력이다.
- 이 능력단위는 고객이 안정감과 신뢰감을 얻을 수 있는 작업환경과 컬러진단에 필요한 자연광에 가까운 조명과 시설이 필요하다.
- 아이브로 표현에 있어 다음의 사항을 고려해야 한다.
  - 아이브로 제품은 상당히 다양하며 젤, 아이브로 마스카라, 하드, 소프트 크리미 질감 펜슬, 케이크 타입, 리퀴드 타입 등이 있다.
  - 아이브로 표현 시 중요한 점은 자연스러운 표현이며, 모발컬러와 비슷한 계열의 컬러(보통 모발 뿌리 부분의 컬러감)을 사용하여 본인 눈썹을 최대한 살려 자연스럽게 표현해야 한다.
  - 아이브로 색상, 형태 등을 수정·보완하기 위해 아이브로 왁싱, 아이브로 염색 방법 등을 활용한다.
- 아이메이크업 실행에 있어 다음의 사항을 고려해야 한다.
  - 메이크업 디자인과 조화되는 아이메이크업을 선택한다.
  - 개인의 눈 형태에 따른 아이섀도 표현방법을 익혀야 한다.
  - 크림타입, 케이크타입 등의 재료에 따라 아이섀도 질감 표현방법을 익혀야 된다.
- 립&치크 메이크업 실행에 있어 다음의 사항을 고려해야 한다.
  - 메이크업 디자인과 조화되는 립&치크 메이크업을 선택한다.
  - 립&치크의 재료의 질감과 발림성 등에 따라 표현방법을 익힌다.

자료 및 관련 서류

- 메이크업관련 자료
- 패턴북

장비 및 도구

- 거울이 포함된 작업대
- 메이크업 공용 의자
- 의자(높이 조절이 가능한 메이크업 의자)

재료

- 메이크업 키트

⊙ 평가지침

평가방법

- 평가자는 능력단위 색조메이크업 수행준거에 제시되어 있는 나용을 평가하기 위해 이른과 실기를 나누어 평가하거나 종합적인 결과물의 평가 등 다양한 평가 방법을 사용할 수 있다.
- 피 평가자의 과정평가 및 결과평가 방법

평가방법	평가유형	
	과정평가	결과평가
A. 포트폴리오	✓	✓
B. 문제해결 시나리오		
C. 서술형시험		
D. 논술형시험		
E. 사례연구		
F. 평가자 질문	✓	✓
G. 평가자 체크리스트	✓	✓
H. 피평가자 체크리스트	✓	✓
I. 일지/저널		
J. 역할연기		
K. 구두발표		
L. 작업장평가	✓	✓
M. 기타		

평가 시 고려사항

- 수행준거에 제시되어 있는 내용을 성공적으로 수행할 수 있는지를 평가해야 한다.
- 평가자는 다음 사항을 평가해야 한다.
  - 색조 메이크업 테크닉의 숙련도, 도구 및 재료 사용법
  - 아이, 아이브로, 립&치크 메이크업 완성도

⊙ 직업기초능력

순 번	직 업 기 초 능 력	
	주 요 영 역	하위영역
1	의사소통능력	문서이해 능력, 경청능력, 의사표현 능력
2	자원관리능력	시간자원관리능력, 물적자원관리능력, 인적자원관리능력
3	대인관계능력	고객서비스능력
4	기술능력	기술이해능력, 기술선택능력, 기술적용능력
5	직업윤리	근로윤리

⊙ 개발 이력

구 분		내 용
직무명칭		메이크업
능력단위 보완유형		능력단위 분할
분류번호	기존	1201010303_14v2
	보완	1201010317_16v3
개발연도	현재	2016
	2차	2014
	최초(1차)	2011
버전번호		v3
개 발 자	현재	(사)대한미용사회
	2차	(사)대한미용사회
	최초(1차)	한국산업인력공단
향후 보완 연도(예정)		2019
능력단위 보완사유		능력단위 분할

분류번호 : 1201010318_16v3

능력단위 명칭 : 속눈썹 연출

능력단위 정의 : 속눈썹 연출은 눈의 형태 등을 고려하여 인조 속는썹을 디자인하고 제작하여 연출 할 수 있는 능력이다.

능력단위요소	수행준거
1201010318_16v3.1 인조 속눈썹 디자인하기	1.1. 고객의 속눈썹의 상태, 눈의 형태 등을 구분할 수 있다. 1.2. 눈의 형태에 따라 인조속눈썹을 디자인하여 제작할 수 있다.
	【지 식】 ○ 눈의 형태에 관한 지식 ○ 인조 속눈썹 종류에 대한 지식
	【기 술】 ○ 인조 속눈썹 소재 구분 능력 ○ 눈의 형태에 따른 인조 속눈썹 적용 능력 ○ 인조 속눈썹 종류별 적용 능력 ○ 인조 속눈썹 제작 기술 ○ 오브제 활용 기술
	【태 도】 ○ 인조 속눈썹 재료를 청결하게 관리하는 태도 ○ 고객의 눈 형태를 정확하게 진단하려는 태도 ○ 고객의 요구를 반영하려는 태도
1201010318_16v3.2 인조 속눈썹 작업하기	2.1 인조 속눈썹 부착을 위한 제품, 도구를 사용할 수 있다. 2.2 속눈썹과의 자연스러운 조화를 위해 수정할 수 있다. 2.3 제품·도구 등을 활용하여 인조속눈썹을 제거할 수 있다. 2.4 작업에 사용한 제품·도구 등을 위생적으로 관리할 수 있다.
	【지 식】 ○ 눈 형태별 아이섀도 활용 지식 ○ 눈 형태별 아이라이너 표현 지식 ○ 속눈썹 상태에 따른 마스카라 활용 지식
	【기 술】 ○ 고객의 눈매에 따른 인조속눈썹 형태, 길이 선택 능력 ○ 고객의 눈매에 맞는 기본 연출 기술 ○ 인조 속눈썹 부착기술 ○ 인조 속눈썹 수정보완 기술 ○ 인조 속눈썹 제거 기술
	【태 도】 ○ 인조 속눈썹 작업 전 고객의 요구를 반영하려는 태도 ○ 인조 속눈썹 작업 후 주의점을 설명하는 태도 ○ 인조 속눈썹 작업 후 고객의 반응을 수용하려는 태도

⊙ 적용범위 및 작업 상황

고려사항

- 이 능력단위는 베이스 메이크업에 대한 능력이다.
- 속눈썹 작업 전 고객 상담을 하여야 한다.
- 속눈썹 작업 전 눈의 위생 상태를 확인한 후 작업하여야 한다.
- 아이메이크업 제품에 민감한 고객은 작업을 피하는 것이 좋다.
- 안과질환이 있는 고객은 완쾌 후 작업하도록 유도한다.
- 고객의 요구와 눈매에 따라 다음과 같은 작업능력이 요구된다.
  - 작업 전 반드시 도구와 기구를 소독하며 글루의 상태를 확인한다.
  - 메이크업의 디자인과 목적에 맞게 인조속눈썹을 붙인다.
  - 인조속눈썹은 스트립 래시, 인디비주얼 래시, 연장용 래시 등 다양한 형태를 활용한다.
  - 눈썹 모가 처진 눈은 눈썹의 처진 각도에 따라 가모를 굵기나 모양을 선택해야 한다.
  - 돌출된 눈은 지나치게 인위적인 가모를 사용하지 않도록 주의한다.
  - 눈 꼬리가 처진 눈은 눈을 3등분하여 눈매가 처진 부분이 C컬로 올라가도록 교정한다.
  - 양쪽 눈의 크기가 다른 눈은 가모의 길이나 컬을 조정하여 대칭되어 보이게 교정한다.
  - 눈매의 폭이 작은 눈은 눈 꼬리 부분의 끝을 길고 진하게 교정한다.
- 고객의 눈과 눈동자의 크기를 고려하여 C컬과 J 컬을 배열하여 디자인 할 수 있어야 한다.
- 고객의 알러지 유무, 생리 유무, 출산 유무, 임신유무에 따른 대처와 작업방법을 알아야 한다.
- 속눈썹작업 시 고객의 속눈썹이 자란 모양에 따라 붙이는 방법을 다양하게 작업 할 수 있어야 한다.
- 이 능력 단위는 특히 위생에 주의하여야 하며 인가받은 제품을 사용하여 안전하게 좋은 소재를 사용할 수 있도록 고려하여야 한다.
- 고객이 눈을 감은 상태에서 머리를 움직이지 못해 불안하고 큰 스트레스를 받게 되므로 매장 분위기, 고객 응답, 시작과 끝을 알리는 멘트와 더불어 빠른 작업을 할 수 있어야 한다.
- 속눈썹의 평균 수명과 모주기를 이해하고 속눈썹 사후 관리법과 부작용의 이해를 설명할 수 있어야 한다.
- 속눈썹을 제거할 때는 눈 꼬리에서 눈머리를 향해 떼고 화장수로 진정시킨다.
- 속눈썹 제거 후 이물질을 제거한 후 깨끗한 상태로 보관하거나 1회용으로 사용한다.
- 인조속눈썹은 뷰티메이크업 뿐 아니라 무대, 아트메이크업 등 메이크업의 목적에 맞게 다양한 오브제를 붙이거나 변형시켜 활용할 수 있다.

자료 및 관련 서류

- 속눈썹 디자인 관련 자료

장비 및 도구

- 거울이 포함된 작업대
- 메이크업 공용 의자
- 의자 (높이 조절이 가능한 의자)
- 얼굴 마네킹

재료

- 속눈썹재료세트
- 메이크업

⊙ 평가지침

평가방법

- 평가자는 능력단위 속눈썹 연출 수행준거에 제시되어 있는 내용을 평가하기 위해 이론과 실기를 나누어 평가하거나 종합적인 결과물의 평가 등 다양한 평가 방법을 사용할 수 있다.
- 피 평가자의 과정평가 및 결과평가 방법

평가방법	평가유형	
	과정평가	결과평가
A. 포트폴리오	✓	✓
B. 문제해결 시나리오		
C. 서술형시험		
D. 논술형시험		
E. 사례연구		
F. 평가자 질문	✓	✓
G. 평가자 체크리스트	✓	✓
H. 피평가자 체크리스트	✓	✓
I. 일지/저널		
J. 역할연기		
K. 구두발표		
L. 작업장평가	✓	✓
M. 기타		

평가 시 고려사항

- 수행준거에 제시되어 있는 내용을 성공적으로 수행할 수 있는지를 평가해야 한다.
- 평가자는 다음 사항을 평가해야 한다.
  - 수행준거에 따른 지식·기술·태도의 습득 능력
  - 인조속눈썹 연출 도구 사용의 적정성
  - 인조속눈썹 연출 제품 사용 결과 만족도 수준
  - 작업 후 주변 정리 . 정돈 상태

⊙ 직업기초능력

순번	직업기초능력	
	주요영역	하위영역
1	의사소통능력	경청능력, 의사표현 능력
5	자원관리능력	물적자원관리능력, 인적자원관리능력
6	대인관계능력	고객서비스능력
8	기술능력	기술이해능력, 기술선택능력, 기술적용능력
9	조직이해능력	업무이해능력
10	직업윤리	근로윤리

⊙ 개발 이력

구 분		내 용
직무명칭		메이크업
능력단위 보완유형		능력단위 분할
분류번호	기존	1201010303_14v2
	보완	1201010318_16v3
개발연도	현재	2016
	2차	2014
	최초(1차)	2011
버전번호		v3
개 발 자	현재	(사)대한미용사회
	2차	(사)대한미용사회
	최초(1차)	한국산업인력공단
향후 보완 연도(예정)		2019
능력단위 보완사유		능력단위 분할

3. 교수학습의 개요

교수학습의 목표

메이크업 기초 교과목은 한국 화장의 변천사를 습득한 후 메이크업을 하기 위한 위생관리를 점검하고 고객의 피부상태, 시술에 적합한 재료를 선정·사용한다. 피부표현, 얼굴윤곽 수정, 아이, 아이브로, 립&치크 메이크업을 제안하며, 눈의 형태를 고려하여 인조 속눈썹을 디자인&연출할 수 있는 능력을 목표로 한다.

선행필수

1. 필요지식 : 소독학, 위생학, 골상학, 색채학, 화장품학, 스타일링, 최신 패션자료, 컬러 이미지, 한국 화장의 역사
2. 기기 및 장비: 거울이 포함된 작업대, 디지털카메라, HD TV, 전자교탁, 빔 프로젝트
3. 재료: 메이크업 도구 일체, 브러시 세트, 기초화장도구, 청소도구, 속눈섭 재료세트, 얼굴 마네킹

교수학습 시간

학습주제	학습내용	코드번호	수준
1. 메이크업의 정의 및 한국화장의 역사	1.1 메이크업의 정의 및 기원 1.2 피부타입별 기초 제품의 이해 1.3 한국 화장의 역사	1201010316_16v3	2
2. 베이스 메이크업	2.1 베이스 메이크업 2.2 피부표현(Matt & Glossy 메이크업) 2.3 얼굴윤곽 수정	1201010316_16v3	2
3. 아이브로 메이크업	3.1 아이브로 메이크업 3.2 아이브로 이미지 연출	1201010317_16v3	2
4. 아이 메이크업	4.1 아이 메이크업 4.2 아이 메이크업 이미지 연출 4.3 눈 형태에 따른 수정 및 보완 메이크업	1201010317_16v3	2
5. 립&치크 메이크업	5.1 립&치크 메이크업 5.2 립&치크 메이크업 이미지 연출	1201010317_16v3	2
6. 속눈썹 연출	6.1 인조 속눈썹	1201010318_16v3	2
7. 마무리 스타일링	7.1 음영 메이크업 7.2 내추럴 메이크업	1201010316_16v3 1201010317_16v3	2

핵심용어

피부표현, 베이스 메이크업, 아이브로, 아이 메이크업, 립&치크 메이크업, 인조 속눈썹

4. 교과목 수업평가 설계

4.1 메이크업 기초 교과목 프로파일

<table>
<tr><th colspan="2">① 교과목명</th><th colspan="5">메이크업 기초</th></tr>
<tr><td rowspan="2">직무 및
능력단위</td><td>② 직무명</td><td colspan="2">③ 능력단위명
(능력단위코드)</td><td colspan="3">④ NCS 학습모듈</td></tr>
<tr><td>메이크업</td><td colspan="2">베이스 메이크업
(1201010316_16v3)</td><td colspan="3">개발</td></tr>
<tr><td rowspan="3">능력단위
요소 및 수행
준거</td><td>⑤ 능력단위요소명</td><td colspan="4">⑥ 수행준거</td><td>⑦ NCS
적용여부</td></tr>
<tr><td>피부표현
메이크업하기</td><td colspan="4">1.1 얼굴의 피부색 및 피부 톤에 따른 베이스 제품을 구분할 수 있다.
1.2 베이스 제품의 질감, 발림, 밀착성 등을 고려하여 제품을 선택할 수 있다.
1.3 베이스 제품의 특성에 따른 표현 도구를 사용할 수 있다.</td><td>적용</td></tr>
<tr><td>얼굴윤곽
수정하기</td><td colspan="4">2.1 얼굴 피부 유형, 피부 톤 상태에 따른 윤곽 수정 제품을 사용할 수 있다.
2.2 피부의 추가적인 결점 보완을 위한 제품을 선택할 수 있다.</td><td>적용</td></tr>
<tr><td rowspan="3">지식/기술/
태도</td><td>⑧ 능력단위요소명</td><td>⑨ 지식</td><td colspan="2">⑨ 기술</td><td colspan="2">⑨ 태도</td></tr>
<tr><td>피부표현
메이크업하기</td><td>○ 베이스제품의 제형, 성분, 색상 등의 지식
○ 베이스제품 도구 활용 지식</td><td colspan="2">○ 피부표현 메이크업 기법
○ 베이스제품 도구 활용 기술
○ 베이스제품 질감, 컬러 등의 표현 기술</td><td colspan="2">○ 고객의 피부상태진단을 위한 세심한 태도
○ 피부상태진단에 필요한 도구관리·유지 태도
○ 베이스제품별 특성을 정확하게 구분하는 태도</td></tr>
<tr><td>얼굴윤곽
수정하기</td><td>○ 얼굴 피부 유형, 피부 톤 관련 지식
○ 피부결점 보완 제품 활용 지식</td><td colspan="2">○ 얼굴윤곽수정 기술
○ 피부결점 보완 기술</td><td colspan="2">○ 얼굴윤곽 수정에 따른 베이스제품을 구분하는 태도
○ 고객의 얼굴윤곽 수정을 위한 세심한 태도</td></tr>
<tr><td>이수구분</td><td>전공선택</td><td>학점(이론/실습)</td><td colspan="4">3(1/2)</td></tr>
<tr><td>⑩교육목표</td><td colspan="6">베이스 메이크업은 피부 이미지 표현을 극대화하기 위하여 색조 메이크업 전 단계로 메이크업 베이스에서 파우더까지 실행할 수 있는 전문능력을 키운다.</td></tr>
<tr><td>⑪교육내용</td><td colspan="6">메이크업을 하기위해 얼굴의 피부색과 피부 톤을 구분할 수 있으며 얼굴형태, 피부색을 고려하여 피부표현을 할 수 있다. 베이스 메이크업 제품 질감. 컬러 등의 표현기술과 얼굴윤곽수정 및 보완 메이크업을 제시할 수 있는 능력을 함양한다.</td></tr>
</table>

<table>
<tr><td rowspan="3">⑫ 교수·학습 방법</td><td colspan="2">

a	b	c	d	e	f	g	h	i
○	○					○		

a. 이론 강의, b. 실습, c. 발표, d. 토론, e. 팀 프로젝트, f. 캡스톤 디자인, g. 포트폴리오(학습자/교수자), h. 견학, i. 기타</td></tr>
<tr><td colspan="2">※ 기타를 선택하신 경우 이곳에 교수학습방법의 명칭과 간략한 설명을 기입하여 주시기 바랍니다.</td></tr>
<tr><td>⑬ NCS 능력단위 활용</td><td>⑭ 미활용</td></tr>
<tr><td>장비 및 도구</td><td>• 거울이 포함된 작업대
• 의자(높이 조절이 가능한 메이크업 의자)
• 메이크업 키트
• 전자교탁
• HD TV
• HD 카메라</td><td></td></tr>
<tr><td rowspan="2">⑮ 평가 방법</td><td colspan="2">

A	B	C	D	E	F	G	H	I	J	K	L	M	N	O	P	Q	R	S
○		○											○					

A. 포트폴리오 B. 연구보고서법 C. 필기시험-서술형 D. 필기시험-논술형시험 E. 필기시험-계산형 F. 사례연구 G. 구술형 시험 H. 자기평가보고서 I. 동료평가보고서 J 일지/저널 K. 역할연기 L. 구두발표 M. 관찰법 N. 실기시험 O. 작업장평가, P. 토의/토론법 Q. 체크리스트 R. 피평가자 체크리스트 S.기타</td></tr>
<tr><td colspan="2">※ 기타를 선택하신 경우 이곳에 교수학습방법의 명칭과 간략한 설명을 기입하여 주시기 바랍니다.</td></tr>
<tr><td>⑯ 교육정보</td><td colspan="2">패션·뷰티 잡지, VTR(패션쇼), Makeup Icon(권구정외, 청구문화사), 눈썹의 역사(동서교류), 한국화장문화사(열화당), 바비브라운 메이크업매뉴얼(중앙 m&b)</td></tr>
</table>

<table>
<tr><th colspan="2">① 교과목명</th><th colspan="3">메이크업 기초</th></tr>
<tr><td rowspan="2">직무 및 능력단위</td><td>② 직무명</td><td>③ 능력단위명
(능력단위코드)</td><td colspan="2">④ NCS 학습모듈</td></tr>
<tr><td>메이크업</td><td>색조 메이크업
(1201010317_16v3)</td><td colspan="2">개발</td></tr>
<tr><td rowspan="2">능력단위 요소 및 수행 준거</td><td>⑤ 능력단위요소명</td><td colspan="2">⑥ 수행준거</td><td>⑦ NCS 적용여부</td></tr>
<tr><td>아이브로 메이크업하기</td><td colspan="2">1.1 눈썹형태, 얼굴형, 디자인 등에 따른 아이브로 이미지를 구분할 수 있다.
1.2 얼굴형태, 메이크업 디자인을 위한 눈썹을 정리할 수 있다.
1.3 아이브로 이미지 표현을 위해 색상, 형태 등을 수정·보완 할 수 있다.
1.4 메이크업디자인, 스타일 등에 따른 아이브로를 표현할 수 있다.</td><td>적용</td></tr>
</table>

<table>
<tr><td colspan="2">① 교과목명</td><td colspan="3">메이크업 기초</td></tr>
<tr><td rowspan="2">능력단위
요소 및 수행
준거</td><td>아이
메이크업하기</td><td colspan="2">2.1 재료의 특성에 따른 질감, 발색, 밀착성, 발림성 등을 구분·선택할 수 있다.
2.2 눈의 형태, 결점보완을 위한 아이섀도를 사용할 수 있다.
2.3 메이크업 디자인에 적합한 눈매를 표현할 수 있다.
2.4 눈의 형태, 눈동자, 모발 및 눈썹 등을 고려하여 아이라인을 표현할 수 있다.
2.5 속눈썹 상태, 메이크업 디자인에 적합한 마스카라 제품을 사용할 수 있다.</td><td>적용</td></tr>
<tr><td>립&치크
메이크업하기</td><td colspan="2">3.1 입술 형태에 따른 립 메이크업을 디자인 할 수 있다.
3.2 입술 형태, 상태에 따른 립 메이크업 제품을 선택할 수 있다.
3.3 입술 형태에 따른 립 메이크업을 수정 보완할 수 있다.
3.4 얼굴 형태, 피부 톤, 메이크업디자인에 따른 치크 메이크업을 디자인 할 수 있다.
3.5 제품 유형별 표현 이미지를 구분하여 치크 메이크업을 실행할 수 있다.
3.6 메이크업 이미지에 따른 립&치크 컬러를 연출 할 수 있다.</td><td>적용</td></tr>
<tr><td rowspan="4">지식/기술/
태도</td><td>⑧ 능력단위요소명</td><td>⑨ 지식</td><td>⑨ 기술</td><td>⑨ 태도</td></tr>
<tr><td>아이브로
메이크업하기</td><td>○ 얼굴 형태에 따른 눈썹 이미지 표현 지식
○ 눈썹 결 방향, 위치, 길이, 숱 등을 파악하는 지식
○ 아이브로 관련 제품의 특성</td><td>○ 얼굴형에 따른 아이브로 메이크업 표현 기법
○ 아이브로 수정 보완 기법
○ 아이브로 제품 활용 기술
○ 아이브로 제품의 질감, 컬러 등의 표현 기술</td><td>○ 다양한 아이브로 표현을 연습하는 태도
○ 아이브로 표현 도구, 재료, 제품을 최상의 상태로 관리하는 태도</td></tr>
<tr><td>아이
메이크업하기</td><td>○ 눈 형태별 아이섀도 활용 지식
○ 눈 형태별 아이라이너 표현 지식
○ 속눈썹 상태에 따른 마스카라 활용 지식</td><td>○ 눈의 형태별 아이섀도 테크닉
○ 눈의 형태별 아이라이너 테크닉
○ 속눈썹 상태별 마스카라 테크닉</td><td>○ 도구, 재료, 제품을 청결히 유지하려는 태도
○ 눈 메이크업 표현을 위한 정교하고 섬세한 태도</td></tr>
<tr><td>립&치크
메이크업하기</td><td>○ 립&치크 메이크업제품의 특성에 대한 지식
○ 제품의 질감, 발색, 밀착성, 발림성에 대한 지식
○ 립&치크 형태에 대한 지식
○ 립&치크 제품 재료 성분지식
○ 색채 조화, 조색에 관한 지식</td><td>○ 립&치크 메이크업 표현 기술
○ 립&치크 메이크업 컬러 등의 믹싱 기법</td><td>○ 립&치크 메이크업 도구, 재료를 사용, 활용하려는 태도
○ 립&치크 메이크업에 필요한 도구관리유지 태도
○ 립&치크 메이크업 제품 청결을 유지하려는 태도</td></tr>
<tr><td>이수구분</td><td>전공선택</td><td>학점(이론/실습)</td><td colspan="2">3(1/2)</td></tr>
<tr><td>⑩ 교육목표</td><td colspan="4">색조 메이크업은 고객의 얼굴 형태와 특성, 이미지 등과 조화를 이룰 수 있는 아이브로, 아이, 립&치크 메이크업을 실행할 수 있는 전문능력을 키운다.</td></tr>
</table>

<table>
<tr><td>⑪ 교육내용</td><td colspan="2">색조메이크업을 하기위해 얼굴 형태와 이미지에 적합한 아이브로, 아이섀도, 립&치크 메이크업을 표현할 수 있으며 눈의 형태와 얼굴형에 맞는 수정 및 보완 메이크업을 제시할 수 있는 능력을 함양한다.</td></tr>
<tr><td>⑫ 교수·학습 방법</td><td colspan="2">

a	b	c	d	e	f	g	h	i
○	○					○		

a. 이론 강의, b. 실습, c. 발표, d. 토론, e. 팀 프로젝트, f. 캡스톤 디자인, g. 포트폴리오(학습자/교수자), h. 견학, i. 기타
※ 기타를 선택하신 경우 이곳에 교수학습방법의 명칭과 간략한 설명을 기입하여 주시기 바랍니다.</td></tr>
<tr><td rowspan="2">장비 및 도구</td><td>⑬ NCS 능력단위 활용</td><td>⑭ 미활용</td></tr>
<tr><td>• 거울이 포함된 작업대
• 의자(높이 조절이 가능한 메이크업 의자)
• 메이크업 키트
• 전자교탁
• HD TV
• HD 카메라
• 디지털 카메라</td><td></td></tr>
<tr><td>⑮ 평가 방법</td><td colspan="2">

A	B	C	D	E	F	G	H	I	J	K	L	M	N	O	P	Q	R	S
○		○											○					

A. 포트폴리오 B. 연구보고서법 C. 필기시험-서술형 D. 필기시험-논술형시험 E. 필기시험-계산형 F. 사례연구 G. 구술형 시험 H. 자기평가보고서 I. 동료평가보고서 J. 일지/저널 K. 역할연기 L. 구두발표 M. 관찰법 N. 실기시험 O. 작업장평가, P. 토의/토론법 Q. 체크리스트 R. 피평가자 체크리스트 S.기타
※ 기타를 선택하신 경우 이곳에 교수학습방법의 명칭과 간략한 설명을 기입하여 주시기 바랍니다.</td></tr>
<tr><td>⑯ 교육정보</td><td colspan="2">패션·뷰티 잡지, VTR(패션쇼), Makeup Icon(권구정외, 청구문화사), 눈썹의 역사(동서교류), 한국화장문화사(열화당), 바비브라운 메이크업매뉴얼(중앙 m&b)</td></tr>
</table>

<table>
<tr><th colspan="2">① 교과목명</th><th colspan="3">메이크업 기초</th></tr>
<tr><td rowspan="2">직무 및 능력단위</td><td>② 직무명</td><td>③ 능력단위명
(능력단위코드)</td><td colspan="2">④ NCS 학습모듈</td></tr>
<tr><td>메이크업</td><td>속눈썹 연출
(1201010318_16v3)</td><td colspan="2">개발</td></tr>
<tr><td rowspan="2">능력단위 요소 및 수행 준거</td><td>⑤ 능력단위요소명</td><td colspan="2">⑥ 수행준거</td><td>⑦ NCS 적용여부</td></tr>
<tr><td>인조속눈썹 디자인하기</td><td colspan="2">1.1. 고객의 속눈썹의 상태, 눈의 형태 등을 구분할 수 있다.
1.2. 눈의 형태에 따라 인조속눈썹을 디자인하여 제작할 수 있다.</td><td>적용</td></tr>
</table>

<table>
<tr><th colspan="2">① 교과목명</th><th colspan="3">메이크업 기초</th></tr>
<tr><td>능력단위 요소 및 수행 준거</td><td>인조속눈썹 작업하기</td><td colspan="2">2.1 인조 속눈썹 부착을 위한 제품, 도구를 사용할 수 있다.
2.2 속눈썹과의 자연스러운 조화를 위해 수정할 수 있다.
2.3 제품·도구 등을 활용하여 인조속눈썹을 제거할 수 있다.
2.4 작업에 사용한 제품·도구 등을 위생적으로 관리할 수 있다.</td><td>적용</td></tr>
<tr><td rowspan="3">지식/기술/태도</td><td>⑧ 능력단위요소명</td><td>⑨ 지식</td><td>⑨ 기술</td><td>⑨ 태도</td></tr>
<tr><td>인조속눈썹 디자인하기</td><td>○ 눈의 형태에 관한 지식
○ 인조 속눈썹 종류에 대한 지식</td><td>○ 인조 속눈썹 소재구분 능력
○ 눈의 형태에 따른 인조 속눈썹 적용 능력
○ 인조 속눈썹 종류별 적용 능력
○ 인조 속눈썹 제작 기술
○ 오브제 활용 기술</td><td>○ 인조 속눈썹 재료를 청결하게 관리하는 태도
○ 고객의 눈 형태를 정확하게 진단하려는 태도
○ 고객의 요구를 반영하려는 태도</td></tr>
<tr><td>인조속눈썹 작업하기</td><td>○ 작업 도구에 대한 지식
○ 인조속눈썹 글루에 대한 지식
○ 속눈썹 제거·관리에 관한 지식</td><td>○ 고객의 눈매에 따른 인조속눈썹 형태, 길이 선택 능력
○ 고객의 눈매에 맞는 기본 연출 기술
○ 인조 속눈썹 부착기술
○ 인조 속눈썹 수정 보완 기술
○ 인조 속눈썹 제거 기술</td><td>○ 인조 속눈썹 작업전 고객의 요구를 반영하려는 태도
○ 인조 속눈썹 작업 후 주의점을 설명하는 태도
○ 인조 속눈썹 작업 후 고객의 반응을 수용하려는 태도</td></tr>
<tr><td>이수구분</td><td>전공선택</td><td>학점(이론/실습)</td><td colspan="2">3(1/2)</td></tr>
<tr><td>⑩ 교육목표</td><td colspan="4">속눈썹 연출은 눈의 형태 등을 고려하여 인조 속눈썹을 디자인하고 제작하여 연출할 수 있는 전문능력을 키운다.</td></tr>
<tr><td>⑪교육내용</td><td colspan="4">고객의 눈의 형태에 따라 인조속눈썹을 디자인하고 제작할 수 있으며 속눈썹과 자연스러운 조화를 위해 수정 및 제거할 수 있는 능력을 함양한다.</td></tr>
<tr><td>⑫교수·학습 방법</td><td colspan="4">
<table>
<tr><th>a</th><th>b</th><th>c</th><th>d</th><th>e</th><th>f</th><th>g</th><th>h</th><th>i</th></tr>
<tr><td>○</td><td>○</td><td></td><td></td><td></td><td></td><td>○</td><td></td><td></td></tr>
</table>
a. 이론 강의, b. 실습, c. 발표, d. 토론, e. 팀 프로젝트, f. 캡스톤 디자인, g. 포트폴리오(학습자/교수자), h. 견학, i. 기타
※ 기타를 선택하신 경우 이곳에 교수학습방법의 명칭과 간략한 설명을 기입하여 주시기 바랍니다.</td></tr>
<tr><td rowspan="2">장비 및 도구</td><td colspan="2">⑬ NCS 능력단위 활용</td><td colspan="2">⑭ 미활용</td></tr>
<tr><td colspan="2">• 거울이 포함된 작업대
• 의자(높이조절이 가능한 메이크업 의자)
• 메이크업 키트 • 속눈썹 재료세트
• 전자교탁 • 얼굴 마네킹
• HD TV
• HD 카메라</td><td colspan="2"></td></tr>
</table>

⑮ 평가 방법	A	B	C	D	E	F	G	H	I	J	K	L	M	N	O	P	Q	R	S
	○		○											○					
	A. 포트폴리오 B. 연구보고서법 C. 필기시험-서술형 D. 필기시험-논술형시험 E. 필기 시험-계산형 F. 사례연구 G. 구술형 시험 H. 자기평가보고서 I. 동료평가보고서 J. 일지/저널 K. 역할연기 L. 구두발표 M. 관찰법 N. 실기시험 O. 작업장평가, P. 토의/토론법 Q. 체크리스트 R. 피평가자 체크리스트 S.기타																		
	※ 기타를 선택하신 경우 이곳에 교수학습방법의 명칭과 간략한 설명을 기입하여 주시기 바랍니다.																		
⑯ 교육정보	패션·뷰티 잡지, VTR(패션쇼), Makeup Icon(권구정외, 청구문화사), 눈썹의 역사(동서교류), 한국화장문화사(열화당), 바비브라운 메이크업매뉴얼(중앙 m&b)																		

5. 학습자 자가 진단서

학습자 자가진단서

▶ **학습자 학번 :**
▶ **학습자 성명 :**

다음은 베이스 메이크업을 수행하는데 요구되는 자신의 능력 수준을 스스로 알아볼 수 있는 체크리스트입니다. 본인이 생각하기에 아래 문항에 대한 자신의 수준이 어느 정도인지 ✓ 표 해주시기 바랍니다.

능력단위 : 베이스 메이크업[1201010316_16v3]						
능력단위요소	**문항**	**매우 미흡**	**미흡**	**보통**	**우수**	**매우 우수**
피부표현 메이크업하기	얼굴의 피부색 및 피부 톤에 따른 베이스 제품을 구분할 수 있다.	①	②	③	④	⑤
	베이스 제품의 질감, 발림, 밀착성 등을 고려하여 제품을 선택할 수 있다.	①	②	③	④	⑤
	베이스 제품의 특성에 따른 표현 도구를 사용할 수 있다.	①	②	③	④	⑤
얼굴윤곽 수정하기	얼굴 피부 유형, 피부 톤 상태에 따른 윤곽 수정 제품을 사용할 수 있다.	①	②	③	④	⑤
	피부의 추가적인 결점 보완을 위한 제품을 선택할 수 있다.	①	②	③	④	⑤

▶ **진단결과**

능력단위요소	문항수	합계점수	평균점수
피부표현 메이크업하기	3		
얼굴윤곽 수정하기	2		
합계	5		

※ 자신의 점수를 문항 수로 나눈 값이 '3점'이하에 해당하는 영역은 업무를 성공적으로 수행하는데 요구는 능력이 부족한 것으로 교육훈련이나 개인학습을 통한 개발이 필요함.

학습자 자가진단서

▶ **학습자 학번 :**
▶ **학습자 성명 :**

다음은 색조 메이크업을 수행하는데 요구되는 자신의 능력 수준을 스스로 알아볼 수 있는 체크리스트입니다. 본인이 생각하기에 아래 문항에 대한 자신의 수준이 어느 정도인지 ✓ 표 하주시기 바랍니다.

능력단위 : 색조 메이크업[1201010317_16v3]						
능력단위요소	**문항**	**매우 미흡**	**미흡**	**보통**	**우수**	**매우 우수**
	눈썹형태, 얼굴형, 디자인 등에 따른 아이브로 이미지를 구분할 수 있다.	①	②	③	④	⑤
아이브로 메이크업하기	얼굴형태, 메이크업 디자인을 위한 눈썹을 정리할 수 있다.	①	②	③	④	⑤
	아이브로 이미지 표현을 위해 색상, 형태 등을 수정·보완 할 수 있다.	①	②	③	④	⑤
	메이크업디자인, 스타일 등에 따른 아이브로를 표현할 수 있다.	①	②	③	④	⑤
	재료의 특성에 따른 질감, 발색, 밀착성, 발림성 등을 구분·선택할 수 있다.	①	②	③	④	⑤
	눈의 형태, 결점보완을 위한 아이섀도를 사용할 수 있다.	①	②	③	④	⑤
아이 메이크업하기	메이크업 디자인에 적합한 눈매를 표현할 수 있다.	①	②	③	④	⑤
	눈의 형태, 눈동자, 모발 및 눈썹 등을 고려하여 아이라인을 표현할 수 있다.	①	②	③	④	⑤
	속눈썹 상태, 메이크업 디자인에 적합한 마스카라 제품을 사용할 수 있다.	①	②	③	④	⑤
	입술 형태에 따른 립 메이크업을 디자인 할 수 있다.	①	②	③	④	⑤
	입술 형태, 상태에 따른 립 메이크업 제품을 선택할 수 있다.	①	②	③	④	⑤
	입술 형태에 따른 립 메이크업을 수정 보완할 수 있다.	①	②	③	④	⑤
립&치크 메이크업하기	얼굴 형태, 피부 톤, 메이크업디자인에 따른 치크 메이크업을 디자인 할 수 있다.	①	②	③	④	⑤
	제품 유형별 표현 이미지를 구분하여 치크 메이크업을 실행할 수 있다.	①	②	③	④	⑤
	메이크업 이미지에 따른 립&치크 컬러를 연출 할 수 있다.	①	②	③	④	⑤

▶ 진단결과

능력단위요소	문항수	합계점수	평균점수
아이브로 메이크업하기	4		
아이 메이크업하기	5		
립&치크 메이크업하기	6		
합계	15		

※ 자신의 점수를 문항 수로 나눈 값이 '3점'이하에 해당하는 영역은 업무를 성공적으로 수행하는데 요구는 능력이 부족한 것으로 교육훈련이나 개인학습을 통한 개발이 필요함.

학습자 자가진단서

▶ **학습자 학번 :**

▶ **학습자 성명 :**

다음은 속눈썹 연출을 수행하는데 요구되는 자신의 능력 수준을 스스로 알아볼 수 있는 체크리스트입니다. 본인이 생각하기에 아래 문항에 대한 자신의 수준이 어느 정도인지 ✓ 표 해주시기 바랍니다.

능력단위 : 속눈썹 연출[1201010318_16v3]						
능력단위요소	**문항**	**매우 미흡**	**미흡**	**보통**	**우수**	**매우 우수**
인조속눈썹 디자인하기	고객의 속눈썹의 상태, 눈의 형태 등을 구분할 수 있다.	①	②	③	④	⑤
	눈의 형태에 따라 인조 속눈썹을 디자인하여 제작할 수 있다.	①	②	③	④	⑤
인조속눈썹 작업하기	인조 속눈썹 부착을 위한 제품, 도구를 사용할 수 있다 .	①	②	③	④	⑤
	속눈썹과의 자연스러운 조화를 위해 수정할 수 있다.	①	②	③	④	⑤
	제품·도구 등을 활용하여 인조속눈썹을 제거할 수 있다.	①	②	③	④	⑤
	작업에 사용한 제품·도구 등을 위생적으로 관리할 수 있다.	①	②	③	④	⑤

▶ **진단결과**

능력단위요소	문항수	합계점수	평균점수
인조 속눈썹 디자인하기	2		
인조 속눈썹 작업하기	4		
합계	6		

※ 자신의 점수를 문항 수로 나눈 값이 '3점'이하에 해당하는 영역은 업무를 성공적으로 수행하는데 요구는 능력이 부족한 것으로 교육훈련이나 개인학습을 통한 개발이 필요함.

6. 직무능력 평가서

직무능력평가서[1]차

담당교수		교과목명	메이크업기초
학 번		능력단위명 [능력단위코드]	베이스 메이크업 [1201010316_16v3] 색조 메이크업 [1201010317_16v3]
이 름			
평가일자	년 월 일		

영역 (능력단위요소)	평가내용 (수행준거)	평가 구분		판정	
		과정평가	결과평가	Y	N
피부표현 메이크업하기	얼굴의 피부색 및 피부 톤에 따른 베이스 제품을 구분할 수 있다.		○		
	베이스 제품의 질감, 발림, 밀착성 등을 고려하여 제품을 선택할 수 있다.		○		
	베이스 제품의 특성에 따른 표현 도구를 사용할 수 있다.		○		
얼굴윤곽 수정하기	얼굴 피부 유형, 피부 톤 상태에 따른 윤곽 수정 제품을 사용할 수 있다.		○		
	피부의 추가적인 결점 보완을 위한 제품을 선택할 수 있다.		○		
아이브로 메이크업하기	눈썹형태, 얼굴형, 디자인 등에 따른 아이브로 이미지를 구분할 수 있다.		○		
	얼굴형태, 메이크업 디자인을 위한 눈썹을 정리할 수 있다		○		
	아이브로 이미지 표현을 위해 색상, 형태 등을 수정·보완 할 수 있다.		○		
	메이크업디자인, 스타일 등에 따른 아이브로를 표현할 수 있다.		○		
아이 메이크업하기	재료의 특성에 따른 질감, 발색, 밀착성, 발림성 등을 구분·선택할 수 있다.		○		
	눈의 형태, 결점보완을 위한 아이섀도를 사용할 수 있다.		○		
	메이크업 디자인에 적합한 눈매를 표현할 수 있다.		○		
	눈의 형태, 눈동자, 모발 및 눈썹 등을 고려하여 아이라인을 표현할 수 있다.		○		
	속눈썹 상태, 메이크업 디자인에 적합한 마스카라 제품을 사용할 수 있다.		○		

영역 (능력단위요소)	평가내용 (수행준거)	평가 구분		판정	
		과정 평가	결과 평가	Y	N
립&치크 메이크업하기	입술 형태에 따른 립 메이크업을 디자인 할 수 있다.		○		
	입술 형태, 상태에 따른 립 메이크업 제품을 선택할 수 있다.		○		
	입술 형태에 따른 립 메이크업을 수정 보완할 수 있다		○		
	얼굴 형태, 피부 톤, 메이크업디자인에 따른 치크 메이크업을 디자인 할 수 있다.		○		
	제품 유형별 표현 이미지를 구분하여 치크 메이크업을 실행 할 수 있다.		○		
	메이크업 이미지에 따른 립&치크 컬러를 연출 할 수 있다.		○		
소계	80%				

영역 (능력단위요소)	평가내용(K/S/A/T 포함 자율평가)	평가점수
한국화장의 역사	한국화장의 역사에 대해 익히고 시대별 화장을 분류하여 특징을 제시할 수 있다.	
소계	20%	
합계	100%	점

직무능력평가서[2]차

담당교수		교과목명	메이크업기초
학 번		능력단위명 (능력단위코드)	베이스 메이크업 [1201010316_16v3] 색조 메이크업 [1201010317_16v3] 속눈썹 연출 [1201010318_16v3]
이 름			
평가일자	년 월 일		

<table>
<tr><th rowspan="2">영역
(능력단위요소)</th><th rowspan="2">평가내용
(수행준거)</th><th colspan="2">평가 구분</th><th colspan="2">판정</th></tr>
<tr><th>과정 평가</th><th>결과 평가</th><th>Y</th><th>N</th></tr>
<tr><td rowspan="3">피부표현
메이크업하기</td><td>얼굴의 피부색 및 피부 톤에 따른 베이스 제품을 구분할 수 있다.</td><td></td><td>○</td><td></td><td></td></tr>
<tr><td>베이스 제품의 질감, 발림, 밀착성 등을 고려하여 제품을 선택할 수 있다.</td><td></td><td>○</td><td></td><td></td></tr>
<tr><td>베이스 제품의 특성에 따른 표현 도구를 사용할 수 있다.</td><td></td><td>○</td><td></td><td></td></tr>
<tr><td rowspan="2">얼굴윤곽
수정하기</td><td>얼굴 피부 유형, 피부 톤 상태에 따른 윤곽 수정 제품을 사용할 수 있다.</td><td></td><td>○</td><td></td><td></td></tr>
<tr><td>피부의 추가적인 결점 보완을 위한 제품을 선택할 수 있다.</td><td></td><td>○</td><td></td><td></td></tr>
<tr><td rowspan="4">아이브로
메이크업하기</td><td>눈썹형태, 얼굴형, 디자인 등에 따른 아이브로 이미지를 구분할 수 있다.</td><td></td><td>○</td><td></td><td></td></tr>
<tr><td>얼굴형태, 메이크업 디자인을 위한 눈썹을 정리할 수 있다</td><td></td><td>○</td><td></td><td></td></tr>
<tr><td>아이브로 이미지 표현을 위해 색상, 형태 등을 수정·보완 할 수 있다.</td><td></td><td>○</td><td></td><td></td></tr>
<tr><td>메이크업디자인, 스타일 등에 따른 아이브로를 표현할 수 있다.</td><td></td><td>○</td><td></td><td></td></tr>
<tr><td rowspan="5">아이
메이크업하기</td><td>재료의 특성에 따른 질감, 발색, 밀착성, 발림성 등을 구분·선택할 수 있다.</td><td></td><td>○</td><td></td><td></td></tr>
<tr><td>눈의 형태, 결점보완을 위한 아이섀도를 사용할 수 있다.</td><td></td><td>○</td><td></td><td></td></tr>
<tr><td>메이크업 디자인에 적합한 눈매를 표현할 수 있다.</td><td></td><td>○</td><td></td><td></td></tr>
<tr><td>눈의 형태, 눈동자, 모발 및 눈썹 등을 고려하여 아이라인을 표현할 수 있다.</td><td></td><td>○</td><td></td><td></td></tr>
<tr><td>속눈썹 상태, 메이크업 디자인에 적합한 마스카라 제품을 사용할 수 있다.</td><td></td><td>○</td><td></td><td></td></tr>
</table>

립&치크 메이크업하기	입술 형태에 따른 립 메이크업을 디자인 할 수 있다.		○		
	입술 형태, 상태에 따른 립 메이크업 제품을 선택할 수 있다.		○		
	입술 형태에 따른 립 메이크업을 수정 보완할 수 있다.		○		
	얼굴 형태, 피부 톤, 메이크업디자인에 따른 치크 메이크업을 디자인 할 수 있다.		○		
	제품 유형별 표현 이미지를 구분하여 치크 메이크업을 실행 할 수 있다.		○		
	메이크업 이미지에 따른 립&치크 컬러를 연출 할 수 있다.		○		
인조속눈썹 디자인하기	고객의 속눈썹의 상태, 눈의 형태 등을 구분할 수 있다.		○		
	눈의 형태에 따라 인조속눈썹을 디자인하여 제작할 수 있다.		○		
인조속눈썹 작업하기	인조 속눈썹 부착을 위한 제품, 도구를 사용할 수 있다.		○		
	속눈썹과의 자연스러운 조화를 위해 수정할 수 있다.		○		
	제품·도구 등을 활용하여 인조속눈썹을 제거할 수 있다.		○		
	작업에 사용한 제품·도구 등을 위생적으로 관리할 수 있다.		○		
소 계					
합계	100%				**점**

직무능력평가서[2]차–실기평가

평가방법

본 실기평가는 다음 사항으로 평가한다.

▶ **준비자세**

- 위생에 대한 시술자의 자세, 복장, 도구의 정리정돈 상태가 잘 되어있어야 한다.

▶ **메이크업 테크닉의 숙련도, 재료 사용법**

- 모델 피부유형에 적합한 기초화장품을 선정하여 표현할 수 있다.
- 피부색과 피부상태를 진단하고 부합되는 베이스 메이크업 재료를 선정하여 표현할 수 있다.
- 메이크업의 목적, 디자인을 반영한 아이메이크업(아이섀도, 아이라이너, 마스카라, 속눈썹)을 표현할 수 있다.
- 눈썹형태, 얼굴형, 디자인에 적합한 아이브로 메이크업을 표현할 수 있다.
- 얼굴 이미지에 적합한 립&치크 메이크업의 색감, 질감을 표현할 수 있다.
- 주제에 적합한 수정 및 보완 메이크업을 완성할 수 있다.

▶ **얼굴 전체의 이미지 완성도**

구 분			평 가 단 위								
반	1-A		준비 및 위생	베이스	아이브로	아이	립·치크	인조 속눈썹	마무리 스타일	총점	비고
번호	학 번	이 름	5점	5점	5점	5점	5점	5점	10점	40점	
1											
2											
3											
4											
5											
6											
7											
8											
9											
10											
11											
12											
13											
14											
15											
16											
17											
18											
19											
20											

평가결과서

담당교수		교과목명	메이크업 기초
학 번 / 이 름		능력단위명 [능력단위코드]	베이스 메이크업 [1201010316_16v3] 색조 메이크업 [1201010317_16v3] 속눈썹 연출 [1201010318_16v3]

종합평가점수	구분	배점	점수	환산점수	재평가가점	비고
종합평가점수	진단평가(전)	-				
	진단평가(후)	-				
	출석점수	20				
	직무능력평가1	40				
	직무능력평가2	40				
	향상교육평가					
	합계	100				

성취수준 판정				
판정결과	성취수준		성취결과	
종합의견				
판정기준	성취수준	수행정도		평가점수(예시)
	5	해당 지식과 기술을 확실하게 습득하여 직무수행에 필요한 기술적 사고력과 문제 해결력을 토대로 주도적으로 완벽한 작업을 수행할 수 있다.		90~100
	4	해당 지식과 기술을 습득하여 직무수행에 필요한 기술적 사고력과 문제해결력을 토대로 작업을 수행할 수 있다.		80~89
	3	해당 지식과 기술을 대부분 습득하여 직무수행에 필요한 지식과 기술을 가지고 대부분의 작업을 수행할 수 있다.		70~79
	2	해당 지식과 기술을 부분적으로 습득하여 직무수행에 필요한 지식과 기술을 가지고 타인과 공동으로 작업을 수행할 수 있다.		60~69
	1	해당지식과 기술을 습득하는데 부족함이 있어 타인의 도움을 받아야만 작업을 수행할 수 있다.		50~59

7. 주별 수업지도안

주별수업	1주 : 기초제품						
학과	뷰티스타일리스트과	학년	1	학기	1	소요시간	3시간
교수목표	메이크업의 정의와 기능을 이해하여 메이크업에 대한 이론적 기반을 세우고 피부타입별 제품을 선정하고 클렌징을 할 수 있으며 기초제품을 정확히 설명할 수 있도록 한다.						
학습목표	1. 메이크업의 정의와 기능을 이해할 수 있다. 2. 피부타입별 제품을 선택하여 클렌징을 실시할 수 있다. 3. 피부타입, 상태에 따라 기초제품 제형, 바르는 순서 등을 선택할 수 있다.						
관련 능력단위	베이스 메이크업[11010316_16v3]						

지도단계 (시간)	학습내용	교수-학습활동		참고자료
		교수활동	학생활동	
도입 (5분)	• 인사하기 • 출석확인	• 인사하기 수업시작 전 인사하기 여러분 안녕하세요? ~~ • 출석을 부르면서 수업 전개 분위기 조성	• 전체 인사하기 • 출석에 손을 들어 크게 답하기	• 출석부 • 강의계획서 • 노트와 필기도구 지참요구
전개 1 (10분)	• 한 학기 전체 강의 오리엔테이션 • 수업주의사항 설명 • 수업목표제시	• 교수자 소개, 수업진행방법, 과정평가, 결과평가, 향상평가 방법 등을 설명한다. • 선수과목, 자격증 기타 수업과 관련된 내용을 설명한다. • 한 학기동안 진행될 수업 진행 방식 OT	• 수업 중 지켜야할 태도에 대하여 경청한다. • 주요 내용 메모하기 • 수업진행 방법 및 평가방법, 향상평가에 대한 질의응답을 한다.	• 강의계획서 배부 • PPT 자료 활용 • 강의 교재
전개 2 (40분)	• 학습자 자가진단서	• 학습자 자가진단서 작성 예시 및 설명 - 피부표현, 얼굴윤곽 수정, 아이브로, 아이, 립&치크 메이크업, 속눈썹 연출	• 학습자 자가진단서 작성하기 - 피부표현, 얼굴윤곽 수정, 아이브로, 아이, 립&치크 메이크업, 속눈썹 연출	• 학습자 자가진단서
	• 메이크업의 정의 • 메이크업의 목적 및 기능 • 메이크업의 분류 • 메이크업의 기본요소	• 과제별 학습내용에 대한 강의 진행 - 메이크업의 정의 - 메이크업 목적 및 기능 - 메이크업 분류 - 메이크업 기본요소	• 과제별 학습내용 필기 및 정리 • 질의응답	• PPT 자료 활용 • 강의 교재

지도단계 (시간)	학습내용	교수-학습활동		참고자료
		교사	학생	
휴식	10분			
전개 3 (35분)	• 피부타입별 기초제품, 클렌징	• 피부타입별 기초제품, 클렌징 내용정리 • 자료를 제시하여 학습자 이해돕기	• 피부타입별 기초제품, 클렌징 내용정리 및 필기하기	• PPT 자료 활용 • 강의 교재
휴식	10분			
전개 4 (30분)	• 도구관리방법 및 보관법	• 다양한 도구관리 방법, 보관법 • 학습활동 도우미 역할 수행 • 자료를 제시하여 학습자의 이해 돕기	• 다양한 도구관리 방법, 보관법 학습하고 내용정리 • 수행과제 내용을 비교하고 내용 정리	• PPT 자료 활용 • 강의 교재
마무리 (10분)	• 피드백 • 다음 수업 예고 • 과제 제시	• 피드백 • 다음 수업 예고 • 과제 제시	• 다음 수업내용과 과제 기록하기	

주별수업	2주 : 한국화장문화사						
학과	뷰티스타일리스트과	학년	1	학기	1	소요시간	3시간
교수목표	한국 메이크업의 역사를 시대별 흐름에 따라 사회·문화적 배경과 함께 이해하고 학습하여 트렌드를 분석하고 제안 할 수 있는 능력을 배양한다.						
학습목표	1. 피부타입, 상태에 따라 기초제품 제형, 바르는 순서 등을 선택할 수 있다. 2. 한국화장의 역사를 익히고 이해할 수 있다.						
관련 능력단위	베이스 메이크업[11010316_16v3]						

지도 단계 (시간)	학습내용	교수-학습활동		참고자료
		교수활동	학생활동	
도입 (5분)	• 인사하기 • 출석확인	• 인사하기 수업시작 전 인사하기 여러분 안녕하세요?~ • 출석을 부르면서 수업 전개 분위기 조성	• 전체 인사하기 • 출석에 손을 들어 크게 답하기	• 출석부 • 강의계획서 • 노트와 필기도구 지참 요구
전개 1 (5분)	• 지난주 강의내용 복습 • 수업주의사항 설명 • 수업목표제시	• 지난주 강의내용 복습(기초제품) • 수업목표 제시 • 수업 주의사항 설명	• 지난주 강의내용 복습하기 (기초제품) • 주요 내용 메모하기	• PPT 자료 활용 • 강의 교재
전개 2 (40분)	• 스킨케어:피부유형 분류 및 특징 • 기초메이크업 제품	• 스킨케어: 피부유형 분류 및 특징 • 질의응답	• 학습내용 필기 및 정리 • 질의응답	• PPT 자료 활용 • 강의 교재
휴식	10분			
전개 3 (35분)	• 한국화장의 역사 (고조선-조선시대)	• 한국화장의 역사(고조선-조선시대) 학습내용 정리 및 자료 제시 • 질의응답	• 한국화장의 역사(고조선-조선시대) 내용정리 • 주요내용 경청하고 필기하기 • 질의응답	• PPT 자료 활용 • 강의 교재
휴식	10분			
전개 4 (40분)	• 한국화장의 역사 (고조선-조선시대) VTR 시청	• 한국화장의 역사(고조선-조선시대) VTR 시청	• 한국화장의 역사(고조선-조선시대)를 익히고 VTR영상 감상하기 • 주요내용 정리하고 요약하기	• VTR시청 • 조도확인
마무리 (5분)	• 피드백 • 다음 수업 예고 • 과제 제시	• 피드백 • 다음 수업 예고 • 과제 제시	• 다음 수업내용과 과제 기록하기	

주별수업	3주 : 한국화장의 역사						
학과	뷰티스타일리스트과	학년	1	학기	1	소요시간	3시간
교수목표	한국 메이크업의 역사를 시대별 흐름에 따라 사회·문화적 버경과 함께 이해하고 학습하여 트렌드를 분석하고 제안 할 수 있는 능력을 배양한다.						
학습목표	1. 한국화장의 역사를 익히고 이해할 수 있다. 2. 시대별 화장의 특징을 제시할 수 있다. 3. 현대 메이크업을 제시하고 색상, 특징, 이미지를 파악할 수 있다.						
관련 능력단위	베이스 메이크업[11010316_16v3]						

지도 단계 (시간)	학습내용	교수-학습활동		참고자료
		교수활동	학생활동	
도입 (5분)	• 인사하기 • 출석확인	• 인사하기 수업시작 전 인사하기 여러분 안녕하세요?~ • 출석을 부르면서 수업 전개 분위기 조성	• 전체 인사하기 • 출석에 손을 들어 크게 답하기	• 출석부 • 강의계획서 • 노트와 필기도구 지참 요구
전개 1 (10분)	• 지난주 강의내용 복습 • 수업주의사항 설명 • 수업목표제시	• 지난 주 강의내용 복습 (한국화장의 역사) • 수업목표 제시 • 수업 주의사항 설명	• 지난 주 강의내용 복습하기(한국화장의 역사) • 주요 내용 메모하기	• PPT 자료 활용 • 강의 교재
전개 2 (40분)	• 한국화장의 역사 (해방이후-현대)	• 한국화장의 역사(해방이후-현대) 학습내용 정리 및 자료 제시 • 질의응답	• 한국화장의 역사(해방이후 - 현대) 내용정리 • 주요내용 경청하고 필기하기 • 질의응답	• PPT 자료 활용 • 강의 교재
휴식	10분			
전개 3 (75분)	• 한국화장의 역사 (해방이후-현대) VTR 시청	• 한국화장의 역사(해방이후-현대) VTR 시청	• 한국화장의 역사(해방이후 - 현대)를 익히고 VTR영상 감상하기 • 주요내용 정리하고 요약하기	• VTR 시청 • 조도확인
마무리 (10분)	• 다음 수업 예고 • 과제 제시	• 다음 수업 예고 • 과제 제시	• 다음 수업내용과 과제 기록하기	

주별수업	4주 : 베이스 메이크업						
학과	뷰티스타일리스트과	학년	1	학기	1	소요시간	3시간
교수목표	베이스 메이크업은 피부 이미지 표현을 극대화하기 위하여 색조 메이크업 전 단계로 메이크업 베이스에서 파우더까지 실행할 수 있는 능력이다.						
학습목표	1. 얼굴의 피부색 및 피부 톤에 따른 베이스 제품을 구분할 수 있다. 2. 베이스 제품의 질감, 발림, 밀착성 등을 고려하여 제품을 선택할 수 있다. 3. 베이스 제품의 특성에 따른 표현 도구를 사용할 수 있다.						
관련 능력단위	베이스 메이크업[11010316_16v3]						

지도 단계 (시간)	학습내용	교수-학습활동		참고자료
		교수활동	학생활동	
도입 (5분)	• 인사하기 • 출석확인	• 인사하기 수업시작 전 인사하기 여러분 안녕하세요?~~ • 출석을 부르면서 수업 전개 분위기 조성	• 전체 인사하기 • 출석에 손을 들어 크게 답하기	• 출석부 • 강의계획서 • 노트와 필기도구 지참 요구
전개 1 (10분)	• 지난주 강의내용 복습 • 수업주의사항 설명 • 수업목표제시	• 지난 주 강의내용 복습(한국화장의 역사) • 수업목표 제시 • 수업 주의사항 설명	• 지난 주 강의내용 복습하기(한국화장의 역사) • 주요 내용 메모하기	• PPT 자료 활용 • 강의 교재
전개 2 (45분)	• 피부색 • 베이스 메이크업-메이크업베이스, 파운데이션, 파우더 • 베이스 메이크업의 종류, 기능, 테크닉	• 피부색과 피부상태 설명 • 베이스 메이크업-메이크업 베이스, 파운데이션, 파우더 종류 및 기능 • 베이스 메이크업의 테크닉 설명	• 피부색과 피부상태 학습하기 • 베이스 메이크업-메이크업베이스, 파운데이션, 파우더 종류 및 기능 학습하기 • 베이스 메이크업 테크닉 학습하기 • 주요내용 필기하고 정리하기	• PPT 자료 활용 • 강의 교재
휴식	10분			
전개 3 (30분)	• 피부표현 - 질감에 따른 피부표현 - 하이라이트와 섀딩 표현	• 피부표현 - 질감에 따른 피부표현 - 하이라이트와 섀딩 표현 • 학습활동 도우미 역할 수행	• 피부표현 학습하기 - 질감에 따른 피부표현 - 하이라이트와 섀딩 표현 • 전체 내용정리하기	• PPT 자료 활용 • 강의 교재
전개 4 (30분)	• 피부질감 스크랩	• 피부질감 내용정리 및 자료 스크랩 • 학습활동 도우미 역할 수행	• 피부질감 내용정리 및 자료 스크랩하기 • 학습한 내용 수행과제 실시	• 강의 교재 • 잡지, 가위, 풀, 필기류

<table>
<tr><th rowspan="2">지도
단계
(시간)</th><th rowspan="2">학습내용</th><th colspan="2">교수-학습활동</th><th rowspan="2">참고자료</th></tr>
<tr><th>교사</th><th>학생</th></tr>
<tr><td>전개 5
(15분)</td><td>• 수정 및 피드백</td><td>• 학습자의 수행내용 비교
• 학습자 패턴지 확인 후 피드백</td><td>• 교수자의 피드백에 적합하게 수정하기</td><td></td></tr>
<tr><td>마무리
(5분)</td><td>• 다음 수업 예고
• 과제 제시</td><td>• 다음 수업 예고
• 과제 제시</td><td>• 다음 수업내용과 과제 기록하기</td><td></td></tr>
</table>

주별수업	5주 : 베이스 메이크업(피부표현)						
학과	뷰티스타일리스트과	학년	1	학기	1	소요시간	3시간
교수목표	베이스 메이크업은 피부 이미지 표현을 극대화하기 위하여 색조 메이크업 전 단계로 메이크업 베이스에서 파우더까지 실행할 수 있는 능력이다.						
학습목표	1. 얼굴의 피부색 및 피부 톤에 따른 베이스 제품을 구분할 수 있다. 2. 베이스 제품의 질감, 발림, 밀착성 등을 고려하여 제품을 선택할 수 있다. 3. 베이스 제품의 특성에 따른 표현 도구를 사용할 수 있다.						
관련 능력단위	베이스 메이크업[11010316_16v3]						

지도 단계 (시간)	학습내용	교수-학습활동		참고자료
		교수활동	학생활동	
도입 (5분)	• 인사하기 • 출석확인	• 인사하기 수업시작 전 인사하기 여러분 안녕하세요? ~~ • 출석을 부르면서 수업 전개 분위기 조성	• 전체 인사하기 • 출석에 손을 들어 크게 답하기	• 출석부 • 강의계획서 • 노트와 필기도구 지참 요구
전개 1 (5분)	• 지난주 강의내용 복습 • 수업주의사항 설명 • 수업목표제시	• 지난주 강의내용 복습(베이스 메이크업) • 수업목표 제시 • 수업 주의사항 설명	• 지난 주 강의내용 복습하기(베이스 메이크업) • 주요 내용 메모하기	• PPT 자료 활용 • 강의 교재
전개 2 (25분)	• 질감에 따른 피부표현 데모스트레이션(matt & Glossy)	• 질감에 따른 피부표현 데모스트레이션(matt & Glossy) • 학습활동 도우미 역할 수행	• 교수자의 질감에 따른 피부표현 데모스트레이션(matt & Glossy) 관찰하기 • 주요내용 경청하고 필기하기	• HD 카메라, HD TV, 디지털 카메라 • 모델 선정
휴식 및 실습준비 (10분)	• 재료 세팅	• 2인1조 팀 정하기 • 화장대에 메이크업 재료 세팅 준비 돕기	• 2인1조 팀 확인 • 화장대에 메이크업 재료 세팅하기	• 팀구성표
전개 3 (35분)	• 질감에 따른 피부표현 실습(Matt & Glossy)-1조	• 메이크업 재료 확인(앞치마, 어깨보, 메이크업도구 일체, 흰수건, 크리넥스, 면봉, 손소독제) • 질감에 따른 피부표현 (Matt & Glossy)학습활동 도우미 역할 수행 • 모델피부에 적합한 메이크업 베이스, 파운데이션, 파우더 색상확인 • 얼굴전체 조화확인	• 학습에 필요한 메이크업 재료 세팅 확인 • 질감에 따른 피부표현 (Matt & Glossy) 학습하기 • 모델의 피부상태 파악하고 메이크업베이스, 파운데이션, 파우더 선택하기 • 모델에 적합한 재료선택 • 얼굴전체 조화 확인	• 메이크업 도구 일체 • 화장대

지도 단계 (시간)	학습내용	교수-학습활동		참고자료
		교사	학생	
전개 4 (15분)	• 메이크업수정 및 피드백 - 1조	• 학습자의 수행내용 비교 • 학습자 시술확인하고 수정, 피드백	• 교수자의 피드백에 적합한 메이크업 수정하기 • 사진촬영	• 디지털 카메라 • 조명
전개 5 (35분)	• 질감에 따른 피부표현 실습(Matt & Glossy)-2조	• 메이크업 재료 확인(앞치마, 어깨보, 메이크업도구 일체, 흰수건, 크리넥스, 면봉, 손소독제) • 질감에 따른 피부표현 (Matt & Glossy)학습활동 도우미 역할 수행 • 모델피부에 적합한 메이크업 베이스, 파운데이션, 파우더 색상확인 • 얼굴전체 조화확인	• 학습에 필요한 메이크업 재료 세팅 확인 • 질감에 따른 피부표현 (Matt & Glossy) 학습하기 • 모델의 피부상태 파악하고 메이크업베이스, 파운데이션, 파우더 선택하기 • 모델에 적합한 재료선택 • 얼굴전체 조화 확인	• 메이크업 도구 일체 • 화장대
전개 6 (15분)	• 메이크업수정 및 피드백 - 2조	• 학습자의 수행내용 비교 • 학습자의 시술확인 후 피드백	• 교수자의 피드백에 적합한 메이크업 수정하기 • 사진촬영	• 디지털 카메라 • 조명
마무리 (5분)	• 다음 수업 예고 • 과제 제시	• 다음 수업 예고 • 과제 제시	• 다음 수업내용과 과제 기록하기	
				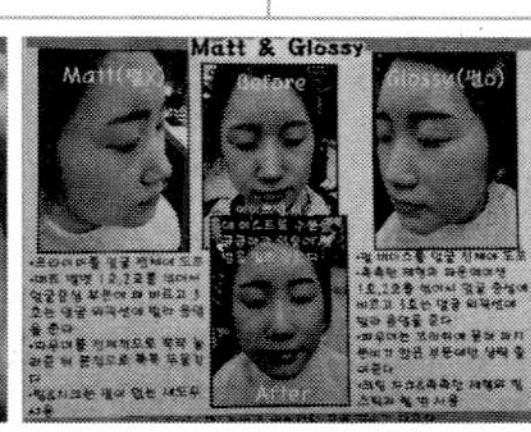

주별수업	6주 : 베이스 메이크업(얼굴윤곽 수정)						
학과	뷰티스타일리스트과	학년	1	학기	1	소요시간	3시간
교수목표	베이스 메이크업은 피부 이미지 표현을 극대화하기 위하여 색조 메이크업 전 단계로 메이크업 베이스에서 파우더까지 실행할 수 있는 능력이다.						
학습목표	1. 얼굴 피부 유형, 피부 톤 상태에 따른 윤곽 수정 제품을 사용할 수 있다. 2. 피부의 추가적인 결점 보완을 위한 제품을 선택할 수 있다.						
관련 능력단위	베이스 메이크업[11010316_16v3]						

지도 단계 (시간)	학습내용	교수-학습활동		참고자료
		교수활동	학생활동	
도입 (5분)	• 인사하기 • 출석확인	• 인사하기 수업시작 전 인사하기 여러분 안녕하세요? ~~ • 출석을 부르면서 수업 전개 분위기 조성	• 전체 인사하기 • 출석에 손을 들어 크게 답하기	• 출석부 • 강의계획서 • 노트와 필기도구 지참 요구
전개 1 (10분)	• 지난주 강의내용 복습 • 수업주의사항 설명 • 수업목표제시	• 지난시간 강의내용 정리(질감에 따른 피부표현) • 수업목표 제시 • 수업 주의사항 설명	• 지난시간에 익힌 내용을 정리하기(질감에 따른 피부표현) • 주요 내용 메모하기	• PPT 자료 활용 • 강의 교재
전개 2 (20분)	• 얼굴형에 따른 윤곽수정 및 보완 메이크업 이론	• 얼굴형에 따른 윤곽수정 및 보완 메이크업 설명 • 학습활동을 잘할 수 있도록 도우미 역할	• 얼굴형에 따른 윤곽수정 및 보완 메이크업 이론 익히기 • 주요내용 경청하고 필기하기	• PPT 자료 활용 • 강의 교재
전개 3 (25분)	• 얼굴형에 따른 윤곽수정 및 보완 메이크업 패턴지에 표현	• 얼굴형에 따른 윤곽수정 및 보완 메이크업을 패턴지에 설명 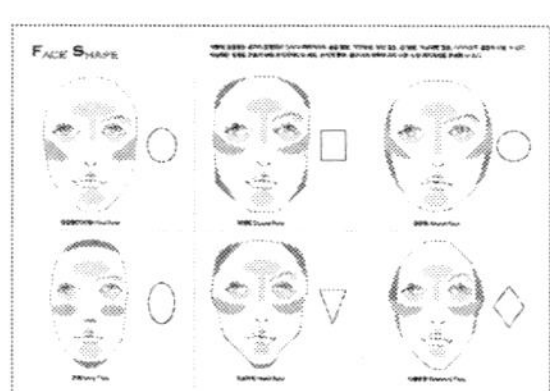	• 얼굴형에 따른 윤곽수정 및 보완 메이크업을 패턴지에 실습하기 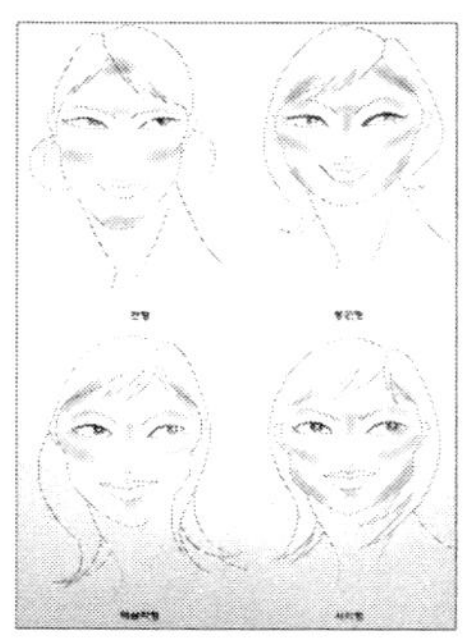	• 강의 교재 • 메이크업 도구일체

지도 단계 (시간)	학습내용	교수-학습활동		참고자료
		교사	학생	
휴식 및 실습준비 (10분)	• 재료 세팅	• 2인1조 팀 정해주기 • 화장대에 메이크업 재료 세팅 준비 돕기	• 2인1조 팀 확인 • 화장대에 메이크업 재료 세팅하기	• 팀구성표
전개 4 (15분)	• 얼굴형에 따른 윤곽수정 및 보완 메이크업 데모스트레이션	• 얼굴형에 따른 윤곽수정 및 보완 메이크업의 데모스트레이션	• 얼굴형에 따른 윤곽수정 및 보완 메이크업의 데모스트레이션 관찰하기	• HD 카메라, HD TV, 디지털 카메라 • 모델선정
전개 5 (20분)	• 얼굴형에 따른 윤곽수정 및 보완 메이크업 실습-1조	• 조명 확인 • 메이크업 재료 확인(앞치마, 어깨보, 메이크업 도구일체, 흰수건, 면봉, 손소독제) • 학습활동 도우미 역할 수행	• 학습에 필요한 메이크업 재료 세팅 확인(앞치마, 어깨보, 메이크업 도구일체, 흰수건, 면봉 손소독제) • 얼굴형에 따른 윤곽수정 및 보완 메이크업 표현하기 • 모델에 적합한 재료선택 • 얼굴전체 조화 확인	• 메이크업 도구 일체 • 화장대
전개 6 (10분)	• 메이크업수정 및 피드백 - 1조	• 학습자의 수행내용 비교 • 학습자 시술확인하고 수정, 피드백	• 교수자의 피드백에 적합하게 메이크업 수정하기 • 사진촬영	• 디지털 카메라 • 조명
전개 7 (20분)	• 얼굴형에 따른 윤곽수정 및 보완 메이크업 실습-2조	• 조명 확인 • 메이크업 재료 확인(앞치마, 어깨보, 메이크업 도구일체, 흰수건, 면봉, 손소독제) • 학습활동 도우미 역할 수행	• 학습에 필요한 메이크업 재료 세팅 확인(앞치마, 어깨보, 메이크업 도구일체, 흰수건, 면봉, 손소독제) • 얼굴형에 따른 윤곽수정 및 보완 메이크업 표현하기 • 모델에 적합한 재료선택 • 얼굴전체 조화 확인	• 메이크업 도구 일체 • 화장대
전개 8 (10분)	• 메이크업수정 및 피드백 - 2조	• 학습자의 수행내용 비교 • 학습자 시술확인 후 피드백	• 교수자의 피드백에 적합하게 메이크업 수정하기 • 사진촬영	• 디지털 카메라 • 조명
마무리 (5분)	• 다음수업예고 • 과제 제시	• 다음수업예고 • 과제 제시	• 다음 수업내용과 과제 기록하기	

<table>
<tr><th>주별수업</th><th colspan="7">7주 : 아이브로 메이크업</th></tr>
<tr><td>학과</td><td>뷰티스타일리스트과</td><td>학년</td><td>1</td><td>학기</td><td>1</td><td>소요시간</td><td>3시간</td></tr>
<tr><td>교수목표</td><td colspan="7">색조 메이크업은 고객의 얼굴 형태와 특성, 이미지 등과 조화를 이룰 수 있는 아이브로, 아이, 립&치크 메이크업을 실행할 수 있는 능력이다.</td></tr>
<tr><td>학습목표</td><td colspan="7">1. 눈썹형태, 얼굴형, 디자인 등에 따른 아이브로 이미지를 구분할 수 있다.
2. 얼굴형태, 메이크업 디자인을 위한 눈썹을 정리할 수 있다.
3. 아이브로 이미지 표현을 위해 색상, 형태 등을 수정·보완 할 수 있다.
4. 메이크업디자인, 스타일 등에 따른 아이브로를 표현할 수 있다.</td></tr>
<tr><td>관련 능력단위</td><td colspan="7">색조 메이크업[1201010317_16v3]</td></tr>
</table>

<table>
<tr><th rowspan="2">지도 단계 (시간)</th><th rowspan="2">학습내용</th><th colspan="2">교수-학습활동</th><th rowspan="2">참고자료</th></tr>
<tr><th>교수활동</th><th>학생활동</th></tr>
<tr><td>도입 (5분)</td><td>• 인사하기
• 출석확인</td><td>• 인사하기
수업시작 전 인사하기
여러분 안녕하세요? ~~
• 출석을 부르면서 수업 전개 분위기 조성</td><td>• 전체 인사하기
• 출석에 손을 들어 크게 답하기</td><td>• 출석부
• 강의계획서
• 노트와 필기도구 지참 요구</td></tr>
<tr><td>전개 1 (10분)</td><td>• 지난주강의내용 복습
• 수업주의사항 설명
• 수업목표제시</td><td>• 지난시간 강의내용 정리(얼굴윤곽 수정)
• 수업목표 제시
• 수업 주의사항 설명</td><td>• 지난시간에 익힌 내용을 정리(얼굴윤곽 수정)
• 주요 내용 메모하기</td><td>• PPT 자료 활용
• 강의 교재</td></tr>
<tr><td>전개 2 (15분)</td><td>• 아이 메이크업 이론</td><td>• 눈썹의 기능과 도구, 종류 설명
• 눈썹의 이미지 설명
• 학습활동 도우미 역할 수행</td><td>• 눈썹의 기능과 도구, 종류 학습하기
• 눈썹의 이미지 학습하기
• 주요내용 경청하고 필기하기</td><td>• PPT 자료 활용
• 강의 교재</td></tr>
<tr><td rowspan="2">전개 3 (30분)</td><td rowspan="2">• 아이브로 표현-형태별 눈썹실습(패턴지)</td><td>• 형태별 눈썹 패턴지에 실습</td><td>• 형태별 눈썹 패턴지에 실습하기</td><td rowspan="2">• 강의 교재
• 메이크업 도구 일체</td></tr>
<tr><td colspan="2"> 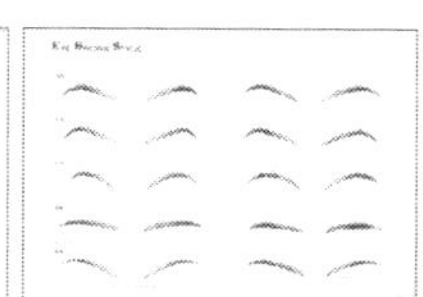 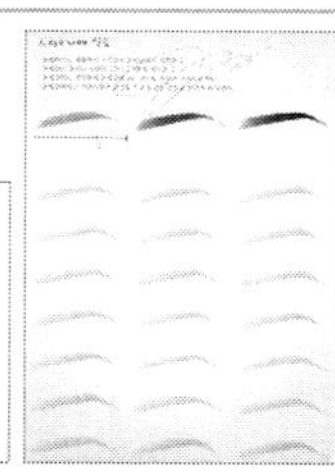</td></tr>
<tr><td>휴식 및 실습준비 (10분)</td><td>• 재료 세팅</td><td>• 2인1조 팀 정해주기
• 화장대에 아이브로 메이크업 재료 세팅 준비 돕기</td><td>• 2인1조 팀 확인
• 화장대에 아이브로 메이크업 재료 세팅하기</td><td>• 팀구성표</td></tr>
</table>

지도 단계 (시간)	학습내용	교수-학습활동		참고자료
		교사	학생	
전개 4 (10분)	• 아이브로 메이크업 데모스트레이션	• 아이브로 메이크업 데모스트레이션 • 조명 확인	• 교수자의 아이브로 메이크업 데모스트레이션 관찰하기 • 주요내용 경청하고 필기하기	• HD 카메라, HD TV • 모델선정
전개 5 (20분)	• 아이브로 메이크업 실습-1조	• 메이크업 재료 확인(앞치마, 어깨보, 아이브로 도구일체, 흰수건, 면봉, 손소독제) • 다양한 눈썹종류 학습활동 도우미 역할 수행 • 눈썹위치와 표현 • 얼굴전체 조화확인	• 학습에 필요한 메이크업 재료 세팅 확인(앞치마, 어깨보, 아이브로 도구일체, 흰수건, 면봉, 손소독제) • 다양한 눈썹종류 표현하기 • 모델에 적합한 재료선택 • 얼굴전체 조화 확인	• 아이브로 메이크업 도구일체 • 화장대
전개 6 (10분)	• 메이크업수정 및 피드백-1조	• 학습자의 수행내용 비교 • 학습자 시술확인하고 수정, 피드백	• 교수자의 피드백에 적합하게 메이크업 수정하기 • 사진촬영	• 디지털 카메라 • 조명
전개 7 (25분)	• 아이브로 메이크업 실습-2조	• 조명 확인 • 메이크업 재료 확인(앞치마, 어깨보, 아이브로 도구일체, 흰수건, 면봉, 손소독제) • 다양한 눈썹종류 학습활동 도우미 역할 수행 • 눈썹위치와 표현 • 얼굴전체 조화확인	• 학습에 필요한 메이크업 재료 세팅 확인(앞치마, 어깨보, 아이브로 도구일체, 흰수건, 면봉, 손소독제) • 다양한 눈썹종류 표현하기 • 모델에 적합한 재료선택 • 얼굴전체 조화 확인	• 아이브로 메이크업 도구일체 • 화장대
전개 8 (10분)	• 메이크업수정 및 피드백-2조	• 학습자의 수행내용 비교 • 학습자 시술확인 후 피드백	• 교수자의 피드백에 적합하게 메이크업 수정하기 • 사진촬영	• 디지털 카메라 • 조명
마무리 (5분)	• 다음수업예고 • 과제 제시	• 다음 수업 예고 • 과제 제시	• 다음 수업내용과 과제 기록하기	
	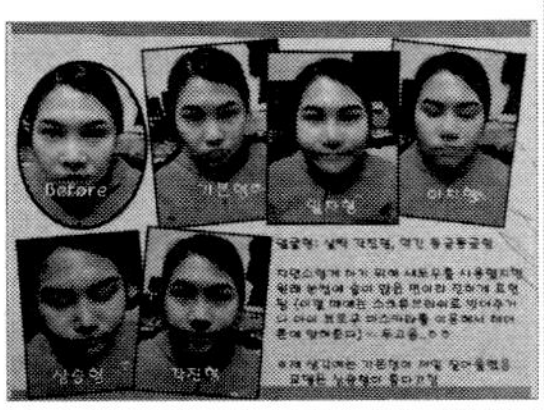		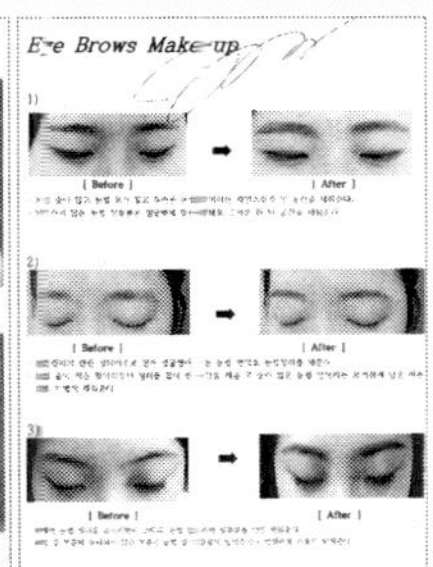	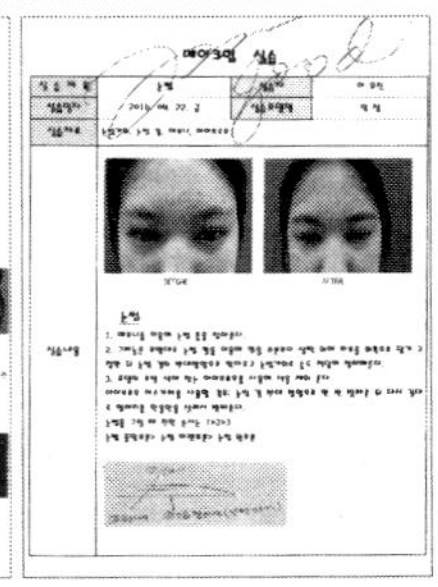

주별수업	8주 : 아이 메이크업						
학과	뷰티스타일리스트과	학년	1	학기	1	소요시간	3시간
교수목표	색조 메이크업은 고객의 얼굴 형태와 특성, 이미지 등과 조화를 이룰 수 있는 아이브로, 아이, 립&치크 메이크업을 실행할 수 있는 능력이다.						
학습목표	1. 재료의 특성에 따른 질감, 발색, 밀착성, 발림성 등을 구분·선택할 수 있다. 2. 눈의 형태, 결점보완을 위한 아이섀도를 사용할 수 있다. 3. 메이크업 디자인에 적합한 눈매를 표현할 수 있다. 4. 눈의 형태, 눈동자, 모발 및 눈썹 등을 고려하여 아이라인을 표현할 수 있다. 5. 속눈썹 상태, 메이크업 디자인에 적합한 마스카라 제품을 사용할 수 있다.						
관련 능력단위	색조 메이크업[1201010317_16v3]						

지도 단계 (시간)	학습내용	교수-학습활동		참고자료
		교수활동	학생활동	
도입 (5분)	• 인사하기 • 출석확인	• 인사하기 수업시작 전 인사하기 여러분 안녕하세요? ~~ • 출석을 부르면서 수업 전개 분위기 조성	• 전체 인사하기 • 출석에 손을 들어 크게 답하기	• 출석부 • 강의계획서 • 노트와 필기도구 지참 요구
전개 1 (10분)	• 지난주 강의내용 복습 • 수업주의사항 설명 • 수업목표제시	• 지난시간 강의내용 정리(아이브로 메이크업) • 수업목표 제시 • 수업 주의사항 설명	• 지난시간에 익힌 내용을 정리하기(아이브로 메이크업) • 주요 내용 메모하기	• PPT 자료 활용 • 강의 교재
전개 2 (20분)	• 아이 메이크업 - 아이섀도연출 이론	• 아이 메이크업 - 아이섀도 연출 설명 • 아이섀도 도구, 질감, 종류, 표현방법 설명 • 학습활동 도우미 역할 수행	• 아이 메이크업 - 아이섀도 연출 학습하기 • 아이섀도 도구, 질감, 종류, 표현방법 학습하기 • 주요내용 경청하고 필기하기	• PPT 자료 활용 • 강의 교재
전개 3 (25분)	• 아이 메이크업 표현 실습(패턴지)	• 아이 메이크업 표현 실습 설명(패턴지) 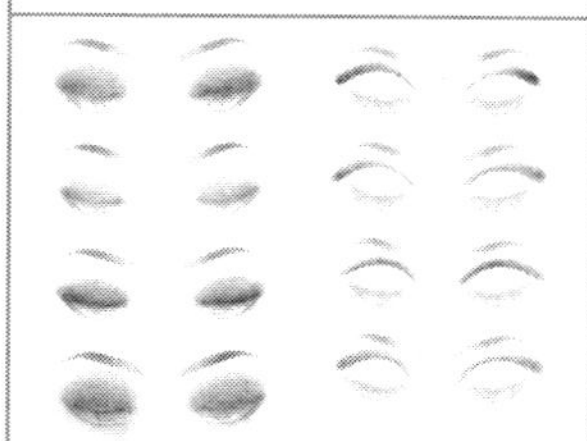	• 아이 메이크업 패턴지에 실습하기 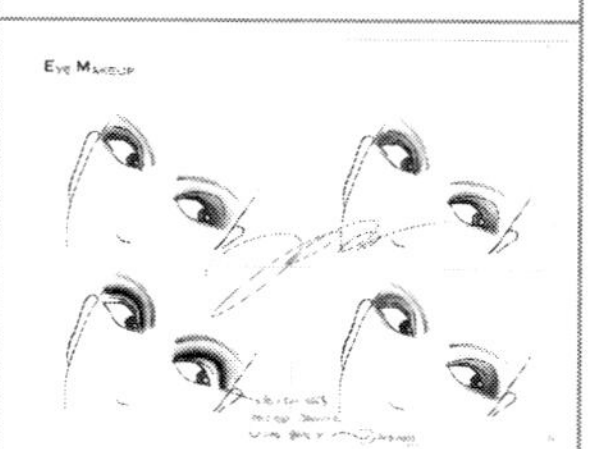	• 강의 교재 • 메이크업 도구 일체
휴식 및 실습준비 (10분)	• 재료 세팅	• 2인1조 팀 정해주기 • 화장대에 메이크업 재료 세팅 준비 돕기	• 2인1조 팀 확인 • 화장대에 메이크업 재료 세팅하기	• 팀구성표

지도 단계 (시간)	학습내용	교수-학습활동		참고자료
		교수활동	학생활동	
전개 4 (15분)	• 아이 메이크업 데모스트레이션-수평, 수직	• 조명 확인 • 수평, 수직 아이 메이크업 데모스트레이션	• 수평, 수직 아이 메이크업 데모스트레이션 관찰하기	• HD 카메라, HD TV • 모델선정
전개 5 (20분)	• 아이 메이크업 실습(수평, 수직)-1조	• 수평, 수직 아이 메이크업 표현 • 메이크업 재료 확인(앞치마, 어깨보, 아이 메이크업 도구일체, 흰수건, 면봉, 손소독제) • 학습활동 도우미 역할 수행 • 얼굴전체 조화 확인	• 학습에 필요한 메이크업 재료 세팅 확인(앞치마, 어깨보, 아이 메이크업 도구일체, 흰수건, 면봉, 손소독제) • 수평, 수직 아이 메이크업 표현하기 • 모델에 적합한 재료선택 • 얼굴전체 조화 확인	• 메이크업 도구 일체 • 화장대
전개 6 (10분)	• 메이크업수정 및 피드백-1조	• 학습자의 수행내용 비교 • 학습자 시술확인하고 수정, 피드백	• 교수자의 피드백에 적합하게 메이크업 수정하기 • 사진촬영	• 디지털 카메라 • 조명
전개 7 (20분)	• 아이 메이크업 실습(수평, 수직)-2조	• 수평, 수직 아이 메이크업 표현 • 메이크업 재료 확인(앞치마, 어깨보, 아이 메이크업 도구일체, 흰수건, 면봉, 손소독제) • 학습활동 도우미 역할 수행 • 얼굴전체 조화 확인	• 학습에 필요한 메이크업 재료 세팅 확인(앞치마, 어깨보, 아이 메이크업 도구일체, 흰수건, 면봉, 손소독제) • 수평, 수직 아이 메이크업 표현하기 • 모델에 적합한 재료선택 • 얼굴전체 조화 확인	• 메이크업 도구 일체 • 화장대
전개 8 (10분)	• 메이크업수정 및 피드백- 2조	• 학습자의 수행내용 비교 • 학습자 시술확인 후 피드백	• 교수자의 피드백에 적합하게 메이크업 수정하기 • 사진촬영	• 디지털 카메라 • 조명
마무리 (5분)	• 다음수업예고 • 과제 제시	• 다음수업예고 • 과제 제시	• 다음 수업내용과 과제 기록하기	

<table>
<tr><td>주별수업</td><td colspan="7">9주 : 아이 메이크업</td></tr>
<tr><td>학과</td><td>뷰티스타일리스트과</td><td>학년</td><td>1</td><td>학기</td><td>1</td><td>소요시간</td><td>3시간</td></tr>
<tr><td>교수목표</td><td colspan="7">색조 메이크업은 고객의 얼굴 형태와 특성, 이미지 등과 조화를 이룰 수 있는 아이브로, 아이, 립&치크 메이크업을 실행할 수 있는 능력이다.</td></tr>
<tr><td>학습목표</td><td colspan="7">1. 재료의 특성에 따른 질감, 발색, 밀착성, 발림성 등을 구분·선택할 수 있다.
2. 눈의 형태, 결점보완을 위한 아이섀도를 사용할 수 있다.
3. 메이크업 디자인에 적합한 눈매를 표현할 수 있다.
4. 눈의 형태, 눈동자, 모발 및 눈썹 등을 고려하여 아이라인을 표현할 수 있다.
5. 속눈썹 상태, 메이크업 디자인에 적합한 마스카라 제품을 사용할 수 있다.</td></tr>
<tr><td>관련 능력단위</td><td colspan="7">색조 메이크업[1201010317_16v3]</td></tr>
</table>

<table>
<tr><td rowspan="2">지도 단계 (시간)</td><td rowspan="2">학습내용</td><td colspan="2">교수-학습활동</td><td rowspan="2">참고자료</td></tr>
<tr><td>교수활동</td><td>학생활동</td></tr>
<tr><td>도입 (5분)</td><td>• 인사하기
• 출석확인</td><td>• 인사하기
수업시작 전 인사하기
여러분 안녕하세요? ~~
• 출석을 부르면서 수업 전개 분위기 조성</td><td>• 전체 인사하기
• 출석에 손을 들어 크게 답하기</td><td>• 출석부
• 강의계획서
• 노트와 필기도구 지참 요구</td></tr>
<tr><td>전개 1 (10분)</td><td>• 지난주 강의내용 복습
• 수업주의사항 설명
• 수업목표제시</td><td>• 지난시간 강의내용 정리(아이섀도 표현)
• 수업목표 제시
• 수업 주의사항 설명</td><td>• 지난시간에 익힌 내용을 정리하기(아이섀도 표현)
• 주요 내용 메모하기</td><td>• PPT 자료 활용
• 강의 교재</td></tr>
<tr><td>전개 2 (20분)</td><td>• 아이라이너 표현 이론
• 마스카라 표현 이론</td><td>• 아이라이너 기능과 종류, 표현 방법 설명
• 마스카라 기능과 종류, 표현방법 설명
• 학습활동 도우미 역할 수행</td><td>• 아이라이너 기능과 종류, 표현 방법 학습하기
• 마스카라 기능과 종류, 표현방법 학습하기
• 주요내용 경청하고 필기하기</td><td>• PPT 자료 활용
• 강의 교재</td></tr>
<tr><td>전개 3 (20분)</td><td>• 눈 형태, 결점 보완을 위한 아이 메이크업 표현</td><td>• 눈 형태, 결점 보완을 위한 아이메이크업 표현 설명 및 데모스트레이션</td><td>• 눈 형태, 결점 보완을 위한 아이메이크업 표현 설명 및 데모스트레이션 관찰하기</td><td>• HD 카메라, HD TV
• 모델선정</td></tr>
<tr><td>휴식 및 실습준비 (10분)</td><td>• 재료 세팅</td><td>• 메이크업 재료 세팅 준비 돕기</td><td>• 메이크업 재료 세팅하기</td><td></td></tr>
<tr><td>전개 4 (30분)</td><td>• 눈 형태, 결점 보완을 위한 아이메이크업 표현-1조</td><td>• 눈 형태, 결점 보완을 위한 아이메이크업 표현
• 메이크업 재료 확인(앞치마, 어깨보, 아이 메이크업 도구, 흰수건, 면봉, 손소독제)
• 학습활동 도우미 역할 수행
• 얼굴전체 조화 확인</td><td>• 학습에 필요한 메이크업 재료 세팅 확인(앞치마, 어깨보, 아이 메이크업 도구일체, 흰수건, 면봉, 손소독제)
• 눈 형태, 결점 보완을 위한 아이 메이크업 표현하기
• 모델에 적합한 재료선택
• 얼굴전체 조화 확인</td><td>• 메이크업 도구 일체
• 화장대</td></tr>
</table>

지도 단계 (시간)	학습내용	교수-학습활동		참고자료
		교사	학생	
전개 5 (10분)	• 메이크업수정 및 피드백-1조	• 학습자의 수행내용 비교 • 학습자 시술확인하고 수정, 피드백	• 교수자의 피드백에 적합하게 메이크업 수정하기 • 사진촬영	• 디지털 카메라 • 조명
전개 6 (30분)	• 눈 형태, 결점 보완을 위한 아이메이크업 표현-2조	• 눈 형태, 결점 보완을 위한 아이메이크업 표현 • 메이크업 재료 확인(앞치마, 어깨보, 아이 메이크업 도구일체, 흰수건, 면봉, 손소독제) • 학습활동 도우미 역할 수행 • 얼굴전체 조화 확인	• 학습에 필요한 메이크업 재료 서팅 확인(앞치마, 어깨보, 아이 메이크업 도구일체, 흰수건, 면봉, 손소독제) • 눈 형태, 결점 보완을 위한 아이 메이크업 표현하기 • 모델에 적합한 재료선택 • 얼굴전체 조화 확인	• 메이크업 도구 일체 • 화장대
전개 7 (10분)	• 메이크업수정 및 피드백-2조	• 학습자의 수행내용 비교 • 학습자 시술확인하고 수정, 피드백	• 고수자의 피드백에 적합하게 메이크업 수정하기 • 사진촬영	• 디지털 카메라 • 조명
마무리 (5분)	• 다음수업예고 • 과제 제시	• 다음수업예고 • 과제 제시	• 다음 수업내용과 과제 기록하기	

주별수업	10주 : 립&치크 메이크업						
학과	뷰티스타일리스트과	학년	1	학기	1	소요시간	3시간
교수목표	색조 메이크업은 고객의 얼굴 형태와 특성, 이미지 등과 조화를 이룰 수 있는 아이브로, 아이, 립&치크 메이크업을 실행할 수 있는 능력이다.						
학습목표	1 입술 형태에 따른 립 메이크업을 디자인 할 수 있다. 2 입술 형태, 상태에 따른 립 메이크업 제품을 선택할 수 있다. 3 입술 형태에 따른 립 메이크업을 수정 보완할 수 있다. 4 얼굴 형태, 피부 톤, 메이크업디자인에 따른 치크 메이크업을 디자인 할 수 있다. 5 제품 유형별 표현 이미지를 구분하여 치크 메이크업을 실행 할 수 있다. 6 메이크업 이미지에 따른 립&치크 컬러를 연출 할 수 있다.						
관련 능력단위	색조 메이크업[1201010317_16v3]						

지도 단계 (시간)	학습내용	교수-학습활동		참고자료
		교수활동	학생활동	
도입 (5분)	• 인사하기 • 출석확인	• 인사하기 수업시작 전 인사하기 여러분 안녕하세요? ~~ • 출석을 부르면서 수업 전개 분위기 조성	• 전체 인사하기 • 출석에 손을 들어 크게 답하기	• 출석부 • 강의계획서 • 노트와 필기도구 지참 요구
전개 1 (10분)	• 지난주 강의내용 복습 • 수업주의사항 설명 • 수업목표제시	• 지난시간 강의내용 정리(눈 형태, 결점 보완을 위한 아이메이크업 표현) • 수업목표 제시 • 수업 주의사항 설명	• 지난시간에 익힌 내용을 정리하기(눈 형태, 결점 보완을 위한 아이메이크업 표현) • 주요 내용 메모하기	• 강의 교재 • PPT 자료 활용
전개 3 (30분)	• 립&치크 메이크업 표현 실습(패턴지)	• 립&치크 메이크업 표현 실습 설명(패턴지) 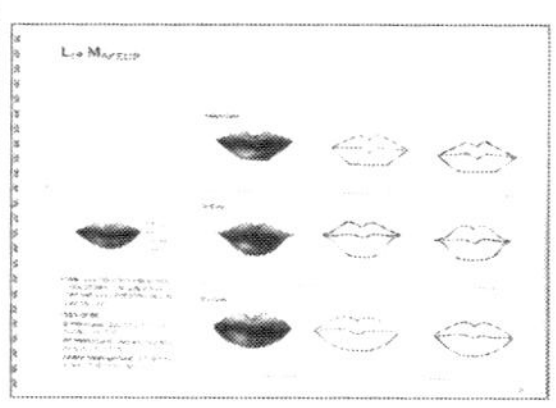	• 립&치크 메이크업 패턴지에 실습하기 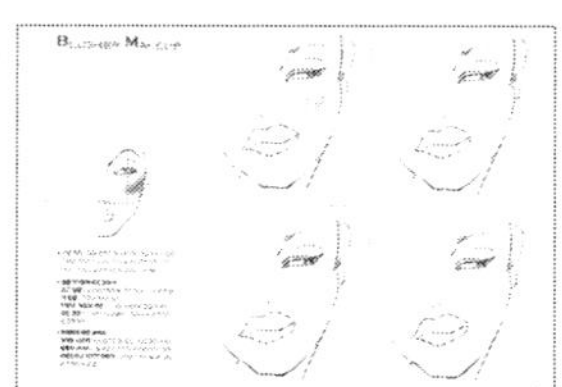	• 강의 교재 • 메이크업 도구 일체
휴식 및 실습준비 (10분)	• 재료 세팅	• 2인1조 팀 정해주기 • 화장대에 메이크업 재료 세팅 준비 돕기	• 2인1조 팀 확인 • 화장대에 메이크업 재료 세팅하기	• 팀구성표
전개 4 (20분)	• 홀 아이 메이크업, 볼, 립 메이크업 데모스트레이션	• 조명 확인 • 립&치크 메이크업 데모스트레이션	• 립&치크 메이크업 데모스트레이션 관찰하기 • 주요내용 경청하고 필기하기	• 디지털 카메라 • 모델선정

지도 단계 (시간)	학습내용	교수-학습활동		참고자료
		교사	학생	
전개 5 (25분)	• 립&치크 메이크업 실습-1조	• 립&치크 메이크업 표현실습 • 메이크업 재료 확인(앞치마, 어깨보, 메이크업 도구일체, 흰수건, 면봉, 손소독제) • 학습활동 도우미 역할 수행 • 얼굴전체 조화 확인	• 학습에 필요한 메이크업 재료 세팅 확인(앞치마, 어깨보, 메이크업 도구일체, 흰수건, 면봉, 손소독제) • 립&치크 메이크업 실습 표현하기 • 모델에 적합한 재료선택 • 얼굴전체 조화 확인	• 메이크업 도구 일체 • 화장대
전개 6 (10분)	• 메이크업수정 및 피드백-1조	• 학습자의 수행내용 비교 • 학습자 시술 확인하고 수정, 피드백	• 교수자의 피드백에 적합하게 메이크업 수정하기 • 사진촬영	• 디지털 카메라 • 조명
전개 7 (25분)	• 립&치크 메이크업 실습-2조	• 립&치크 메이크업 표현실습 • 메이크업 재료 확인(앞치마, 어깨보, 메이크업 도구일체, 흰수건, 면봉, 손소독제) • 학습활동 도우미 역할 수행 • 얼굴전체 조화 확인	• 학습에 필요한 메이크업 재료 세팅 확인(앞치마, 어깨보, 메이크업 도구일체, 흰수건, 면봉, 손소독제) • 립&치크 메이크업 실습 표현하기 • 모델에 적합한 재료선택 • 얼굴전체 조화 확인	• 메이크업 도구 일체 • 화장대
전개 8 (10분)	• 메이크업수정 및 피드백-2조	• 학습자의 수행내용 비교 • 학습자 시술확인 후 피드백	• 교수자의 피드백에 적합하게 메이크업 수정하기 • 사진촬영	• 디지털 카메라 • 조명
마무리 (5분)	• 다음수업예고 • 과제 제시	• 다음수업예고 • 과제 제시 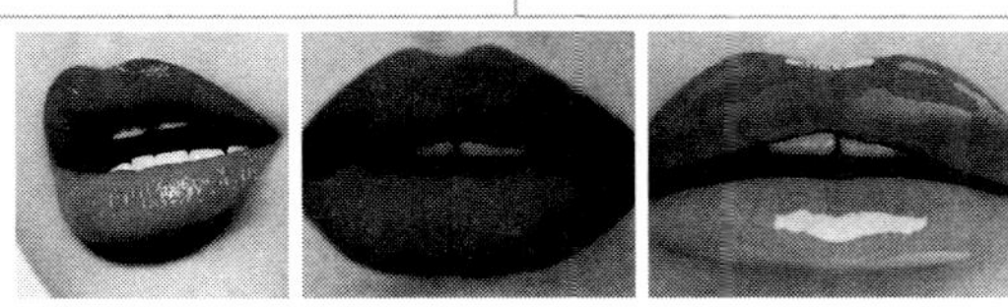	• 다음 수업내용과 과제 기록하기	• 메이크업 도구 일체 • 화장대

주별수업	10주 : 립&치크 메이크업						
학과	뷰티스타일리스트과	학년	1	학기	1	소요시간	3시간
교수목표	색조 메이크업은 고객의 얼굴 형태와 특성, 이미지 등과 조화를 이룰 수 있는 아이브로, 아이, 립&치크 메이크업을 실행할 수 있는 능력이다.						
학습목표	1 입술 형태에 따른 립 메이크업을 디자인 할 수 있다. 2 입술 형태, 상태에 따른 립 메이크업 제품을 선택할 수 있다. 3 입술 형태에 따른 립 메이크업을 수정 보완할 수 있다. 4 얼굴 형태, 피부 톤, 메이크업디자인에 따른 치크 메이크업을 디자인 할 수 있다. 5 제품 유형별 표현 이미지를 구분하여 치크 메이크업을 실행 할 수 있다. 6 메이크업 이미지에 따른 립&치크 컬러를 연출 할 수 있다.						
관련 능력단위	색조 메이크업[1201010317_16v3]						

지도 단계 (시간)	학습내용	교수-학습활동		참고자료
		교수활동	학생활동	
도입 (5분)	• 인사하기 • 출석확인	• 인사하기 수업시작 전 인사하기 여러분 안녕하세요? ~~ • 출석을 부르면서 수업 전개 분위기 조성	• 전체 인사하기 • 출석에 손을 들어 크게 답하기	• 출석부 • 강의계획서 • 노트와 필기도구 지참 요구
전개 1 (10분)	• 지난주 강의내용 복습 • 수업주의사항 설명 • 수업목표제시	• 지난시간 강의내용 정리(립&치크 메이크업) • 수업목표 제시 • 수업 주의사항 설명	• 지난시간에 익힌 내용을 정리하기(립&치크 메이크업) • 주요 내용 메모하기	• PPT 자료 활용 • 강의 교재
전개 2 (20분)	• 수정 및 보완 메이크업 이론	• 수정 및 보완을 위한 재료/색과 질감 선정을 위한 이론 설명 • 학습활동 도우미 역할 수행	• 수정 및 보완을 위한 재료/색과 질감 선정을 위한 이론 학습하기 • 주요내용 경청하고 필기하기	• PPT 자료 활용 • 강의 교재
전개 3 (25분)	• 수정 및 보완 메이크업 패턴지	• 수정 및 보완 메이크업을 패턴지 설명	• 수정 및 보완 메이크업을 패턴지에 실습하기	• 강의 교재 • 메이크업 도구 일체
휴식 및 실습준비 (10분)	• 재료 세팅	• 2인1조 팀 정해주기 • 화장대에 메이크업 재료 세팅 준비 돕기	• 2인1조 팀 확인 • 화장대에 메이크업 재료 세팅하기	• 팀구성표
전개 4 (15분)	• 수정 및 보완 메이크업의 데모스트레이션	• 수정 및 보완 메이크업의 데모스트레이션	• 수정 및 보완 메이크업의 데모스트레이션 관찰하기 • 주요내용 경청하고 필기하기	• HD 카메라, HD TV • 모델선정

지도 단계 (시간)	학습내용	교수-학습활동		참고자료
		교사	학생	
전개 5 (20분)	• 수정 및 보완 메이크업 실습-1조	• 수정 및 보완 메이크업 실습 • 메이크업 재료 확인(앞치마, 어깨보, 메이크업 도구일체, 흰수건, 면봉, 손소독제) • 학습활동 도우미 역할 수행 • 얼굴전체 조화 확인	• 학습에 필요한 메이크업 재료 세팅 확인(앞치마, 어깨보, 메이크업 도구일체, 흰수건, 면봉, 손소독제) • 수정 및 보완 메이크업 표현하기 • 모델에 적합한 재료선택 • 얼굴전체 조화 확인	• 메이크업 도구일체 • 화장대
전개 6 (10분)	• 메이크업수정 및 피드백-1조	• 학습자의 수행내용 비교 • 학습자 시술 확인하고 수정, 피드백	• 교수자의 피드백에 적합하게 메이크업 수정하기 • 사진촬영	• 디지털 카메라 • 조명
전개 7 (20분)	• 수정 및 보완 메이크업 실습-2조	• 수정 및 보완 메이크업 실습 • 메이크업 재료 확인(앞치마, 어깨보, 메이크업 도구일체, 흰수건, 면봉, 손소독제) • 학습활동 도우미 역할 수행 • 얼굴전체 조화 확인	• 학습에 필요한 메이크업 재료 세팅 확인(앞치마, 어깨보, 메이크업 도구아이 메이크업 도구일체, 흰수건, 면봉, 손소독제) • 수정 및 보완 메이크업 표현하기 • 모델에 적합한 재료선택 • 얼굴전체 조화 확인	• 메이크업 도구일체 • 화장대
전개 8 (10분)	• 메이크업수정 및 피드백-2조	• 학습자의 수행내용 비교 • 학습자 시술확인 후 피드백	• 교수자의 피드백에 적합하게 메이크업 수정하기 • 사진촬영	• 디지털 카메라 • 조명
마무리 (5분)	• 다음수업예고 • 과제 제시	• 다음수업예고 • 과제 제시	• 다음 수업내용과 과제 기록하기	

주별수업	11주 : 속눈썹 연출						
학과	뷰티스타일리스트과	학년	1	학기	1	소요시간	3시간
교수목표	속눈썹 연출은 눈의 형태 등을 고려하여 인조 속눈썹을 디자인하고 제작하여 연출 할 수 있는 능력이다.						
학습목표	1. 고객의 속눈썹의 상태, 눈의 형태 등을 구분할 수 있다. 2. 눈의 형태에 따라 인조속눈썹을 디자인하여 제작할 수 있다. 3. 인조 속눈썹 부착을 위한 제품, 도구를 사용할 수 있다. 4. 속눈썹과의 자연스러운 조화를 위해 수정할 수 있다. 5. 제품·도구 등을 활용하여 인조속눈썹을 제거할 수 있다. 6. 작업에 사용한 제품·도구 등을 위생적으로 관리할 수 있다.						
관련 능력단위	속눈썹 연출[1201010318_16v3]						

지도 단계 (시간)	학습내용	교수-학습활동		참고자료
		교수활동	학생활동	
도입 (5분)	• 인사하기 • 출석확인	• 인사하기 수업시작 전 인사하기 여러분 안녕하세요? ~~ • 출석을 부르면서 수업 전개 분위기 조성	• 전체 인사하기 • 출석에 손을 들어 크게 답하기	• 출석부 • 강의계획서 • 노트와 필기도구 지참 요구
전개 1 (10분)	• 지난주 강의내용 복습 • 수업주의사항 설명 • 수업목표제시	• 지난시간 강의내용 정리(수정 및 보완 메이크업) • 수업목표 제시 • 수업 주의사항 설명	• 지난시간에 익힌 내용을 정리하기(수정 및 보완 메이크업) • 주요 내용 메모하기	• PPT 자료 활용 • 강의 교재
전개 2 (15분)	• 인조속눈썹 표현 이론	• 다양한 인조속눈썹 기능, 종류, 표현방법 설명	• 다양한 인조속눈썹 기능, 종류, 표현방법 학습하기	• 강의 교재 • 메이크업 도구 일체
전개 3 (15분)	• 인조속눈썹 자르기 데모스트레이션(스트립래시, 인디비주얼 래시 연출법)	• 조명 확인 • 인조속눈썹 자르기 데모스트레이션(스트립래시, 인디비주얼 래시-자르기, 붙이기)	• 인조속눈썹 자르기 데모스트레이션 관찰하기(스트립래시, 인디비주얼 래시-자르기, 붙이기)	• 인조속눈썹 도구 일체
휴식 및 실습준비 (5분)	• 재료 세팅	• 메이크업 재료 세팅 준비 돕기	• 메이크업 재료 세팅하기	
전개 4 (20분)	• 인조속눈썹 자르기 실습(스트립래시, 인디비주얼래시 연출법)	• 메이크업 재료 확인(앞치마, 흰수건, 퍼프, 인조속눈썹, 속눈썹 풀, 눈썹가위, 트위저, 양면테이프) • 인조속눈썹 준비확인(스트립래시, 인디비주얼래시-자르기, 붙이기) • 학습활동 도우미 역할 수행	• 학습에 필요한 메이크업 재료 세팅 확인(앞치마, 흰수건, 퍼프, 인조속눈썹, 속눈썹 풀, 눈썹가위, 트위저, 양면테이프) • 인조속눈썹 준비하기 및 실습(스트립래시, 인디비주얼래시-자르기, 붙이기)	• 인조속눈썹 도구 일체

지도 단계 (시간)	학습내용	교수-학습활동		참고자료
		교사	학생	
전개 5 (10분)	• 인조속눈썹 연출 데모스트레이션	• 인조속눈썹 연출 데모스트레이션	• 인조속눈썹 연출 데모스트레이션 관찰하기	• HD 카메라, HD TV • 모델선정
휴식 및 실습준비 (5분)	• 재료 세팅	• 2인1조 팀 정해주기 • 화장대에 메이크업 재료 세팅 준비 돕기	• 2인1조 팀 확인 • 화장대에 메이크업 재료 세팅하기	• 팀구성표
전개 6 (20분)	• 인조속눈썹 연출 -1조	• 인조속눈썹 연출 • 뷰러→아이라이너→인디비주얼래시 붙이기→아이라이너→마스카라 • 학습활동 도우미 역할 수행 • 얼굴전체 조화 확인	• 인조속눈썹 연출 • 뷰러→아이라이너→인디비주얼래시 붙이기→아이라이너→마스카라 • 모델에 적합한 재료선택 • 얼굴전체 조화 확인	• 메이크업 도구 일체 • 화장대
전개 7 (10분)	• 메이크업수정 및 피드백 -1조	• 학습자의 수행내용 비교 • 학습자 시술확인하고 수정, 피드백	• 교수자의 피드백에 적합하게 메이크업 수정하기 • 사진촬영	• 디지털 카메라 • 조명
전개 8 (20분)	• 인조속눈썹 연출 -2조	• 인조속눈썹 연출 • 뷰러→아이라이너→인디비주얼래시 붙이기→아이라이너→마스카라 • 학습활동 도우미 역할 수행 • 얼굴전체 조화 확인	• 인조속눈썹 연출 • 뷰러→아이라이너→인디비주얼래시 붙이기→아이라이너→마스카라 • 모델에 적합한 재료선택 • 얼굴전체 조화 확인	• 메이크업 도구 일체 • 화장대
전개 9 (10분)	• 메이크업수정 및 피드백 -2조	• 학습자의 수행내용 비교 • 학습자 시술확인하고 수정, 피드백	• 교수자의 피드백에 적합하게 메이크업 수정하기 • 사진촬영	• 디지털 카메라 • 조명
마무리 (5분)	• 다음수업예고 • 과제 제시	• 다음수업예고 • 과제 제시	• 다음 수업 내용과 과제 기록하기	

주별수업	12주 : 음영 메이크업						
학과	뷰티스타일리스트과	학년	1	학기	1	소요시간	3시간
교수목표	1. 음영 메이크업의 정의에 대해 설명한다. 2. 음영 메이크업을 디자인하여 계획하고 설명·시술할 수 있다.						
학습목표	1. 음영 메이크업의 정의를 설명할 수 있다. 2. 얼굴의 골격을 이해하고 이를 설명할 수 있다. 3. 모델의 피부상태에 적합한 재료를 선택하고 음영을 표현할 수 있다. 3. 모델의 얼굴형에 적합한 아이브로 메이크업을 표현할 수 있다. 4. 입체감 있는 아이 메이크업에 적합한 아이섀도 색상을 선택하고 아이라인, 마스카라를 연출 할 수 있다. 5. 음영 메이크업에 어울리는 립&치크 메이크업을 표현할 수 있다. 6. 전체적인 조화와 표현을 파악하고 완성할 수 있다.						
관련 능력단위	베이스 메이크업[1201010316_16v3], 색조 메이크업[1201010317_16v3]						

지도 단계 (시간)	학습내용	교수-학습활동		참고자료
		교수활동	학생활동	
도입 (5분)	• 인사하기 • 출석확인	• 인사하기 수업시작 전 인사하기 여러분 안녕하세요? ~~ • 출석을 부르면서 수업 전개 분위기 조성	• 전체 인사하기 • 출석에 손을 들어 크게 답하기	• 출석부 • 강의계획서 • 노트와 필기도구 지참
전개 1 (5분)	• 지난주 강의내용 복습 • 수업주의사항 설명 • 수업목표제시	• 지난시간 강의내용 정리(스트립래시, 인디비주얼래시 연출) • 수업목표 제시 • 수업 주의사항 설명	• 지난시간에 익힌 내용을 정리하기(스트립래시, 인디비주얼래시 연출) • 주요 내용 메모하기	• PPT 자료 활용 • 강의교재
전개 2 (25분)	• 음영 메이크업 개요 • 얼굴골격파악 • 음영 메이크업에 적합한 재료선택 및 디자인계획 • 하이라이트와 섀딩 • 모델 골격에 적합한 음영 메이크업 데모스트레이션	• 음영 메이크업 개요설명 • 얼굴골격설명(모형해골) • 음영 메이크업에 적합한 재료 제시 • 하이라이트와 섀딩(T존, Y존, C존, 눈썹뼈, 코옆, 헤어라인 존, 페이스라인 존) • 음영 메이크업 시술 전개(모델 선정) 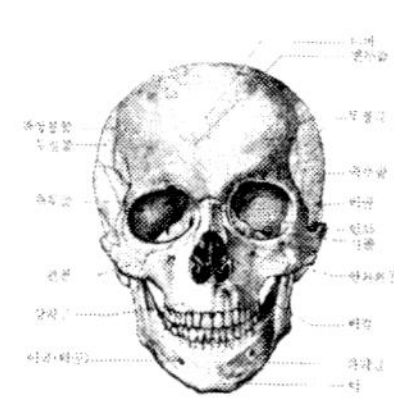	• 학습태도를 갖추기. • 얼굴골격 파악하고 패턴지에 작업해보기 • 교수자의 데모스트레이션을 주의 깊게 관찰하고 경청하기 • 주요 내용을 메모하거나 사진 촬영한다. • 궁금한 사항 질문하기 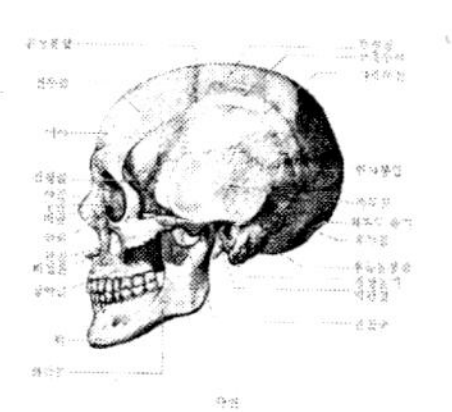	• PPT 자료 활용 • HD 카메라, HD TV, 디지털 카메라 • 모델선정 • 해골모형

지도 단계 (시간)	학습내용	교수-학습활동		참고자료
		교사	학생	
휴식 및 실습준비 (10분)	• 재료 세팅	• 2인1조 팀 정해주기 • 화장대에 메이크업 재료 세팅 준비 돕기	• 2인1조 팀 확인 • 화장대에 메이크업 재료 세팅하기	• 팀구성표
전개 3 (40분)	• 모델 골격에 적합한 음영 메이크업 시술-1조	• 메이크업 재료 확인 • 음영 메이크업 디자인에 맞는 학습활동 도우미 역할 수행 • 얼굴골격에 적합한 피부표현 확인(하이라이트, 섀딩) • 눈 골격에 적합한 눈 표현 확인 • 얼굴전체 조화확인	• 모델의 얼굴골격 파악하기 • 모델의 피부상태 파악하여 파운데이션 선택하고 표현하기(하이라이트, 섀딩) • 눈 골격에 적합한 눈 표현 확인하기 • 모델 얼굴골격에 적합한 블러셔 표현하기 • 얼굴전체 조화확인하기	• 메이크업 도구 일체 • 화장대
전개 4 (10분)	• 메이크업수정 및 피드백-1조	• 학습자의 수행내용 비교 • 학습자 시술 확인하고 수정, 피드백	• 교수자의 피드백에 적합하게 메이크업 수정하기 • 사진촬영	• 디지털 카메라 • 조명
전개 5 (40분)	• 모델 골격에 적합한 음영 메이크업 시술-2조	• 메이크업 재료 확인 • 음영 메이크업 디자인에 맞는 학습활동 도우미 역할 수행 • 얼굴골격에 적합한 피부표현 확인(하이라이트, 섀딩) • 눈 골격에 적합한 눈 표현 확인 • 얼굴전체 조화확인	• 모델의 얼굴골격 파악하기 • 모델의 피부상태 파악하여 파운데이션 선택하고 표현하기(하이라이트, 섀딩) • 눈 골격에 적합한 눈 표현 확인하기 • 모델 얼굴골격에 적합한 블러셔 표현하기 • 얼굴전체 조화확인하기	• 메이크업 도구 일체 • 화장대
전개 6 (10분)	• 메이크업수정 및 피드백-2조	• 학습자의 수행내용비교 • 학습자 시술확인 후 피드백	• 교수자의 피드백에 적합하게 메이크업 수정하기 • 사진촬영	• 디지털 카메라 • 조명
마무리 (5분)	• 다음 수업 예고 • 과제 제시	• 다음 수업 예고 • 과제 제시	• 다음 수업 내용과 과제 기록하기	
		 	 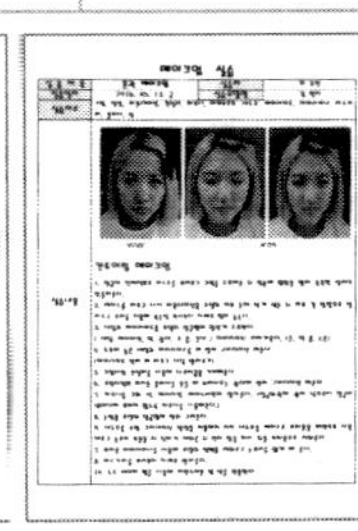	

<table>
<tr><td>주별수업</td><td colspan="7">13주 : 내추럴 메이크업 - Brown</td></tr>
<tr><td>학과</td><td>뷰티스타일리스트과</td><td>학년</td><td>1</td><td>학기</td><td>1</td><td>소요시간</td><td>3시간</td></tr>
<tr><td>교수목표</td><td colspan="7">1. 내추럴 메이크업의 정의에 대해 설명할 수 있다.
2. 내추럴 메이크업을 디자인하여 계획하고 설명·시술할 수 있다.</td></tr>
<tr><td>학습목표</td><td colspan="7">1. 내추럴 메이크업의 정의를 설명할 수 있다.
2. 모델의 피부상태에 적합한 재료를 선택하고 표현할 수 있다.
3. 모델의 얼굴형에 적합한 아이브로를 선택하고 표현할 수 있다.
4. 모델의 눈에 어울리는 아이섀도 색상을 선택하고 아이라인, 마스카라를 연출 할 수 있다.
5. 내추럴 메이크업에 어울리는 립&치크 색상을 선택하고 표현할 수 있다.
6. 모델과 조화를 이룰 수 있는 내추럴 메이크업(Brown)을 완성할 수 있다.</td></tr>
<tr><td>관련 능력단위</td><td colspan="7">베이스 메이크업[1201010316_16v3], 색조 메이크업[1201010317_16v3]</td></tr>
</table>

<table>
<tr><th rowspan="2">지도 단계 (시간)</th><th rowspan="2">학습내용</th><th colspan="2">교수-학습활동</th><th rowspan="2">참고자료</th></tr>
<tr><th>교수활동</th><th>학생활동</th></tr>
<tr><td>도입 (5분)</td><td>• 인사하기
• 출석확인</td><td>• 인사하기
수업시작 전 인사하기
여러분 안녕하세요? ~~
• 출석을 부르면서 수업 전개 분위기 조성</td><td>• 전체 인사하기
• 출석에 손을 들어 크게 답하기</td><td>• 출석부
• 강의계획서
• 노트와 필기도구 지참</td></tr>
<tr><td>전개 1 (5분)</td><td>• 지난주 강의내용 복습
• 수업주의사항 설명
• 수업목표제시</td><td>• 지난시간 강의내용 정리(음영 메이크업)
• 수업목표 제시
• 수업 주의사항 설명</td><td>• 지난시간에 익힌 내용을 정리하기(음영 메이크업)
• 주요 내용 메모하기</td><td>• PPT 자료 활용
• 강의교재</td></tr>
<tr><td>전개 2 (30분)</td><td>• 내추럴 메이크업 개요
• 내추럴메이크업 디자인 계획 및 재료 선택
• 내추럴메이크업 시 주의사항</td><td>• 내추럴 메이크업 개요설명
• 내추럴 메이크업에 적합한 재료 선정
• 내추럴메이크업 데모스트레이션(Brown 아이섀도)</td><td>• 학습태도 갖추기
• 교수자의 데모스트레이션을 주의 깊게 관찰하고 경청하기
• 주요 내용을 메모하거나 사진 촬영하기
• 내용 정리하기
• 궁금한 사항 질문</td><td>• PPT 자료 활용
• HD 카메라, HD TV, 디지털 카메라
• 모델선정</td></tr>
<tr><td>휴식 및 실습준비 (5분)</td><td>• 재료 세팅</td><td>• 2인1조 팀 정해주기
• 화장대에 메이크업 재료 세팅 준비 돕기</td><td>• 2인1조 팀 확인
• 화장대에 메이크업 재료 세팅하기</td><td>• 팀구성표</td></tr>
</table>

지도 단계 (시간)	학습내용	교수-학습활동		참고자료
		교사	학생	
전개 3 (40분)	• 내추럴 메이크업 시술(Brown)-1조	• 메이크업 재료 확인 • 내추럴 메이크업 디자인에 맞는 학습활동 도우미 역할 수행 • 모델에 적합한 파운데이션 색상확인 • 콘셉트에 적합한 피부표현, 아이 표현, 립&치크 표현 확인 • 얼굴전체 조화확인	• 학습에 필요한 메이크업 재료 세팅 확인하기 • 모델의 피부상태 파악하여 파운데이션 선택하기 • 모델에 적합한 재료선택 • 콘셉트에 적합한 피부표현, 아이 표현, 립&치크 표현 확인하기 • 얼굴전체 조화확인하기	• 메이크업 도구 일체 • 화장대
전개 4 (10분)	• 메이크업수정 및 피드백-1조	• 학습자의 수행내용 비교 • 학습자 시술확인하고 수정, 피드백	• 교수자의 피드백에 적합하게 메이크업 수정하기 • 사진촬영	• 디지털 카메라 • 조명
전개 5 (40분)	• 내추럴 메이크업 시술(Brown)-2조	• 메이크업 재료 확인 • 내추럴 메이크업 디자인에 맞는 학습활동 도우미 역할 수행 • 모델에 적합한 파운데이션 색상확인 • 콘셉트에 적합한 피부표현, 아이 표현, 립&치크 표현 확인 • 얼굴전체 조화확인	• 학습에 필요한 메이크업 재료 세팅 확인하기 • 모델의 피부상태 파악하여 파운데이션 선택하기 • 모델에 적합한 재료선택 • 콘셉트에 적합한 피부표현, 아이 표현, 립&치크 표현 확인하기 • 얼굴전체 조화확인하기	• 메이크업 도구 일체 • 화장대
전개 6 (10분)	• 메이크업수정 및 피드백-2조	• 학습자의 수행내용 비교 • 학습자 시술확인 후 피드백	• 교수자의 피드백에 적합하게 메이크업 수정하기 • 사진촬영	• 디지털 카메라 • 조명
마무리 (5분)	• 다음 수업 예고 • 과제 제시	• 다음 수업 예고 • 과제 제시	• 다음 수업내용과 과제 기록하기	
		 		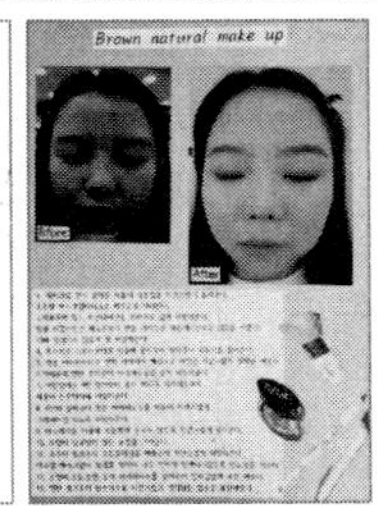

주별수업	14주 : 내추럴 메이크업 - Pink						
학과	뷰티스타일리스트과	학년	1	학기	1	소요시간	3시간
교수목표	1. 내추럴 메이크업의 정의에 대해 설명할 수 있다. 2. 내추럴 메이크업을 디자인하여 계획하고 설명·시술할 수 있다.						
학습목표	1. 내추럴 메이크업의 정의를 설명할 수 있다. 2. 모델의 피부상태에 적합한 재료를 선택하고 표현할 수 있다. 3. 모델의 얼굴형에 적합한 아이브로를 선택하고 표현할 수 있다. 4. 모델의 눈에 어울리는 아이섀도 색상을 선택하고 아이라인, 마스카라를 연출 할 수 있다. 5. 내추럴 메이크업에 어울리는 립&치크 색상을 선택하고 표현할 수 있다. 6. 모델과 조화를 이룰 수 있는 내추럴 메이크업(Pink)을 완성할 수 있다.						
관련 능력단위	베이스 메이크업[1201010316_16v3], 색조 메이크업[1201010317_16v3]						

지도 단계 (시간)	학습내용	교수-학습활동		참고자료
		교수활동	학생활동	
도입 (5분)	• 인사하기 • 출석확인	• 인사하기 수업시작 전 인사하기 여러분 안녕하세요? ~~ • 출석을 부르면서 수업 전개 분위기 조성	• 전체 인사하기 • 출석에 손을 들어 크게 답하기	• 출석부 • 강의계획서 • 노트와 필기도구 지참
전개 1 (5분)	• 지난주 강의내용 복습 • 수업주의사항 설명 • 수업목표제시	• 지난시간 강의내용 정리(내추럴 메이크업-Brown) • 수업목표 제시 • 수업 주의사항 설명	• 지난시간에 익힌 내용을 정리하기(내추럴 메이크업-Brown) • 주요 내용 메모하기	• PPT 자료활용 • 강의교재
전개 2 (30분)	• 내추럴 메이크업 개요 • 내추럴 메이크업 디자인 계획 및 재료 선택 • 내추럴메이크업 시 주의사항	• 내추럴 메이크업 개요설명 • 내추럴 메이크업에 적합한 재료 선정 • 내추럴메이크업 데모스트레이션(Pink 아이섀도)	• 학습태도 갖추기 • 교수자의 데모스트레이션을 주의 깊게 관찰하고 경청하기 • 주요 내용을 메모하거나 사진 촬영하기 • 내용을 정리하기 • 궁금한 사항 질문	• PPT 자료활용 • HD 카메라, HD TV, 디지털 카메라 • 모델선정
휴식 및 실습준비 (5분)	• 재료 세팅	• 2인1조 팀 정해주기 • 화장대에 메이크업 재료 세팅 준비 돕기	• 2인1조 팀 확인 • 화장대에 메이크업 재료 세팅하기	• 팀구성표

지도 단계 (시간)	학습내용	교수-학습활동		참고자료
		교사	학생	
전개 3 (40분)	• 내추럴 메이크업 시술(Pink)-1조	• 메이크업 재료 확인 • 내추럴 메이크업 디자인에 맞는 학습활동 도우미 역할 수행 • 모델에 적합한 파운데이션 색상확인 • 콘셉트에 적합한 피부표현, 아이 표현, 립&치크 표현 확인 • 얼굴전체 조화확인	• 학습에 필요한 메이크업 재료 세팅 확인하기 • 모델의 피부상태 파악하여 파운데이션 선택하기 • 모델에 적합한 재료선택 • 콘셉트에 적합한 피부표현, 아이 표현, 립&치크 표현 확인하기 • 얼굴전체 조화확인하기	• 메이크업 도구 일체 • 화장대
전개 4 (10분)	• 메이크업수정 및 피드백-1조	• 학습자의 수행내용 비교 • 학습자 시술 확인하고 수정, 피드백	• 교수자의 피드백에 적합하게 메이크업 수정하기 • 사진촬영	• 디지털 카메라 • 조명
전개 5 (40분)	• 내추럴 메이크업 시술(Pink)-2조	• 메이크업 재료 확인 • 내추럴 메이크업 디자인에 맞는 학습활동 도우미 역할 수행 • 모델에 적합한 파운데이션 색상확인 • 콘셉트에 적합한 피부표현, 아이 표현, 립&치크 표현 확인 • 얼굴전체 조화확인	• 학습에 필요한 메이크업 재료 세팅 확인하기 • 모델의 피부상태 파악하여 파운데이션 선택하기 • 모델에 적합한 재료선택 • 콘셉트에 적합한 피부표현, 아이 표현, 립&치크 표현 확인하기 • 얼굴전체 조화확인하기	• 메이크업 도구 일체 • 화장대
전개 6 (10분)	• 메이크업수정 및 피드백-2조	• 학습자의 수행내용 비교 • 학습자 시술확인 후 피드백	• 교수자의 피드백에 적합하게 메이크업 수정하기 • 사진촬영	• 디지털 카메라 • 조명
마무리 (5분)	• 기말평가예고 • 과제 제시	• 기말평가 예고 • 과제 제시	• 기말평가 기준과 과제 기록하기	
		Natural Make-up [pink]	 	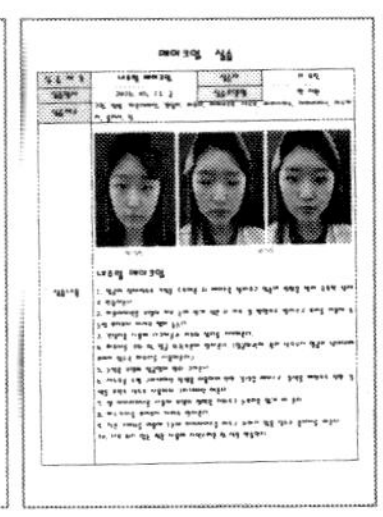

<table>
<tr><th>주별수업</th><th colspan="7">15주 : 기본 메이크업 실기평가</th></tr>
<tr><td>학과</td><td>뷰티스타일리스트과</td><td>학년</td><td>1</td><td>학기</td><td>1</td><td>소요시간</td><td>3시간</td></tr>
<tr><td>교수목표</td><td colspan="7">1. 내추럴 메이크업의 정의에 대해 설명할 수 있다.
2. 내추럴 메이크업을 디자인하여 계획하고 설명·시술할 수 있다.</td></tr>
<tr><td>학습목표</td><td colspan="7">1. 기본제품을 선택하고 사용할 수 있다.
2. 모델의 피부에 적합한 베이스 메이크업을 선택하고 사용할 수 있다.
3. 메이크업 디자인, 스타일 등에 따른 아이브로를 표현할 수 있다.
4. 메이크업 목적, 디자인 등을 반영하여 아이섀도를 표현할 수 있다.
5. 스타일과 조화로운 립&치크 기본 형태를 디자인 할 수 있다.
6. 스타일, 표현 이미지와 조화되는 수정·보완 메이크업을 실시할 수 있다.</td></tr>
<tr><td>관련 능력단위</td><td colspan="7">베이스 메이크업[1201010316_16v3.2], 색조 메이크업[1201010317_16v3], 속눈썹 연출[1201010318_16v3]</td></tr>
</table>

<table>
<tr><th rowspan="2">지도 단계 (시간)</th><th rowspan="2">학습내용</th><th colspan="2">교수-학습활동</th><th rowspan="2">참고자료</th></tr>
<tr><th>교수활동</th><th>학생활동</th></tr>
<tr><td>도입
(5분)</td><td>• 인사하기
• 출석확인</td><td>• 인사하기
수업시작 전 인사하기
여러분 안녕하세요? ~~
• 출석을 부르면서 수업 전개 분위기 조성</td><td>• 전체 인사하기
• 출석에 손을 들어 크게 답하기</td><td>• 출석부</td></tr>
<tr><td>전개 1
(15분)</td><td>• 시험 주의사항
• 실기평가기준
• 시술준비-1조</td><td>• 시험 주의사항 설명
• 실기평가기준 설명
• 실기평가문제 제시-2인1조 시술</td><td>• 실기 주의사항 검토하기
• 실기재료 점검하기
• 실기평가기준 검토하기
• 제시된 실기문제 파악하고 실기 준비-2인1조 시술준비</td><td>• 메이크업 도구 일체
• 화장대
• 팀구성표</td></tr>
<tr><td>전개 2
(45분)</td><td>• 실기시험-1조</td><td>• 실기평가(준비, 과정)</td><td>• 실기시험 시행-1조</td><td>• 수행과정 평가</td></tr>
<tr><td>평가
(10분)</td><td>• 실기결과평가</td><td>• 실기결과평가-1조</td><td>• 평가 후 주변정리</td><td>• 디지털 카메라, 조명</td></tr>
<tr><td>전개3
(10분)</td><td>• 시술준비-2조</td><td>• 시험 주의사항 설명
• 실기평가기준 설명
• 실기평가문제 제시-2인1조 시술</td><td>• 실기주의 사항 검토하기
• 실기재료 점검하기
• 실기평가기준 검토하기
• 제시된 실기문제 파악하고 실기 준비-2인1조 시술준비</td><td>• 메이크업 도구 일체
• 화장대
• 팀구성표</td></tr>
<tr><td>전개4
(45분)</td><td>• 실기시험-2조</td><td>• 실기평가(준비, 과정)</td><td>• 실기시험 시행-2조</td><td>• 수행과정 평가</td></tr>
<tr><td>평가
(10문)</td><td>• 실기결과평가</td><td>• 실기결과평가-2조</td><td>• 평가 후 주변정리</td><td>• 디지털 카메라, 조명</td></tr>
<tr><td>마무리
(10분)</td><td>• 1학기 마무리</td><td>• 한 학기 마무리 및 정리</td><td>• 한 학기 마무리
• 대청소하기</td><td>• 대청소 도구</td></tr>
</table>

8. 학습자용 워크북

학습1	베이스 메이크업(1201010316_16v3)
학습2	아이브로 메이크업(1201010317_14v3.1)
학습3	아이 메이크업(1201010317_14v3.2)
학습4	립&치크 메이크업(1201010317_14v3.3)
학습5	속눈썹 연출(1201010318_16v3)

1-1. 메이크업의 이해

학습목표	• 메이크업의 정의와 기능을 이해하여 메이크업에 대한 이론적 기반을 세우고 피부타입별 제품을 선정하고 클렌징을 할 수 있으며 기초제품을 정확히 설명할 수 있다.
세부목표	① 메이크업의 정의와 기능을 이해할 수 있다. ② 피부타입별 제품을 선택하여 클렌징을 실시할 수 있다. ③ 클렌징 상태를 확인하고 화장솜, 면봉 등으로 추가 클렌징을 할 수 있다. ④ 피부타입, 상태에 따라 기초제품 제형, 바르는 순서 등을 선택할 수 있다.

1. 메이크업의 정의 및 기원

1) 메이크업의 정의

메이크업은 신체의 일부에 색(色)을 부여하여 외적인 아름다움을 표현하는 것으로 자신의 신분, 성격, 성향, 관습 등의 내적 감각 등을 창조하는 것을 의미한다. 또한 자신의 장점을 부각하고 개성을 표출하는 수단뿐 아니라 내적 심리상태를 표현하거나 자신감을 부여하며 한 시대의 사회적, 문화적 이미지를 반영하고 재창출하는 수단이다.

서양에서는 '보완하다', '완전하게 하다'라는 의미로 토일렛(Toilet), 드레싱(Dressing), 페인팅(Painting), 마뀌아쥬(Maquillage)로 불리고 우리나라에서는 화장(化粧), 분장(扮裝), 단장(丹粧)으로 표현한다.

17세기 초 영국의 시인 리챠드 크라슈(Richard Crashou)가 메이크업이라는 단어를 최초로 사용하였으며 20세기 미국의 할리우드 전성기에 맥스 팩터(Max Factor)가 대중화 시켰다. 또한 페인팅이란 용어는 영국의 문호 셰익스피어(W. Shakespeare)의 희곡에 처음 등장하였다.

2) 메이크업의 기원설

(1) 신체보호설

신체보호설은 주변 자연환경이나 사회 환경의 위험으로부터 자신을 보호하기 위해 메이크업을 했다는 가설로 이집트인들이 사막의 모래바람이나 햇빛으로부터 눈을 보호하기 위해 콜로 아이라인을 그려 눈물샘을 자극하여 눈을 보호한 것도 여기에서 기인한다.

(2) 종교설

종교설은 인간의 주술적, 종교적 행위로 신체에 색상이나 향을 이용하여 질병이나 심리적 보호, 재앙을 물리치기 위해 메이크업을 했다는 가설이다.

(3) 미화설

미화설은 인간이 가지고 있는 기본적인 본능으로 자신의 신체를 아름답게 장식하여 타인에게 관심을 보여주기 위해 메이크업을 했다는 가설이다.

(4) 신분표시설

신분표시설은 사회적 지위나 성별, 연령, 결혼유무의 표시, 종족이나 부족의 우월성을 보여주기 위한 표시적인 수단으로 원시시대에 피부에 그림이나 문신을 한다거나 상흔으로 인해 용감함을 상징하기도 한다.

▪ 메이크업의 목적

보호의 목적: 자외선, 먼지, 대기오염, 온도변화 등 자연현상으로부터 피부를 보호하려는 목적
사회적 목적: 사회적 관습, 예의적 표현, 신분과 직업 등의 표시를 나타내려는 목적
심리적 목적: 인물의 성격, 사고방식, 가치추구 등 내적요인을 표현하려는 목적
물리적 목적: 제품을 통해 외형적인 미적변화를 의미하려는 목적

3) 메이크업의 분류

(1) 뷰티 메이크업

일상에서 흔히 사용하는 일반메이크업 및 신부메이크업을 의미한다.

(2) 캐릭터 메이크업

TV나 영화 등 전파매체 영상물이나 인쇄물 등에서 표현하고자 하는 인물의 성격을 부각시키기 위해 사용하는 메이크업을 의미한다.

(3) 무대 메이크업

무대공연(연극, 뮤지컬, 오페라 등)에서 사용하는 메이크업으로 무대의 크기 및 조명 등을 고려하여 다소 과장된 형태의 메이크업을 의미한다.

(4) 아트 메이크업

판타지, 페이스페인팅, 보디페인팅 등의 예술적 측면을 강조한 메이크업을 의미한다.

(5) 특수 메이크업

무대 및 영상매체에서 특수한 효과를 내기 위한 메이크업으로 다양한 재료와 오브제를 사용한다.

2. 피부유형

1) 정상피부 Normal Skin

가장 이상적인 피부로 피지 분비기능이 정상이며 피부표면이 윤기있고 매끄럽다. 혈색이 좋고 모공이 작아 눈에 띄지 않는다.

2) 건성피부 Dry Skin

세안 후 피부 당김을 심하게 느끼는 건조한 상태로 원인은 노화현상이나 외부환경, 부적절한 화장품, 잘못된 피부 관리습관, 보습능력 저하이다. 피부표면이 건조하며 윤기가 없고 잔

주름이 잘 생기고 색소침착이 발생되기 쉽다. 이러한 피부는 물을 자주 마셔 수분을 충분히 공급해 주고 자외선 차단제를 사용하여 자외선으로부터 피부를 보호해 준다.

3) 지성피부 Oily Skin

피지가 과다분비 되는 피부로 스트레스 호르몬의 증가나 황체 호르몬의 증가, 고온다습한 기후, 오염된 공기, 위장장애, 변비, 갑상선호르몬의 불균형 등의 후천적 요인으로도 작용할 수 있다. 피부가 두껍고 둔탁해 보이며 번질거림이 심하다. 이러한 피부 관리에는 노폐물이 쌓이는 것을 막기 위해 세안을 자주해 주고 오일프리 타입의 제품을 사용한다.

4) 복합성피부 Combination Skin

얼굴 부위에 따라 여러 가지 피부유형이 공존하는 피부로 T존 부위는 지성피부, 여드름피부인데 비해 눈 주위, 광대뼈, 뺨 부위는 수분 부족현상으로 건성화 된다. 이런 피부의 관리는 일주일에 1-2번 각질제거를 해주며 가벼운 타입의 기초제품으로 수분을 공급해주고 선블록을 이용하여 자외선을 차단해 준다.

3. 기초제품

피부의 청결과 세정, 피부의 보습을 유지해주는 역할을 할 뿐 아니라 피부의 신진대사를 촉진시키고 자외선으로부터 피부를 보호하며 피부 트러블(주름, 미백, 여드름, 주름과 처짐)에 대응 할 수 있는 기능을 가지고 있다.

1) 클렌징

(1) 클렌징의 목적

피부의 더러움을 없애주고 색조메이크업을 깨끗하게 지워주는 역할과 세균의 감염을 막아주는 역할을 한다.

(2) 클렌징제품의 종류와 특성

종류	특성
클렌징 워터 Cleansing Water	• 가장 가벼운 타입으로 옅은 메이크업 제거 시 적당 • 수분 함량이 많아 지성, 여드름, 민감성 피부에 적합
클렌징 로션 Cleansing Lotion	• 친수성 에멀션(O/W)상태의 제품으로 산뜻한 사용감을 느낄 수 있으며 물에 잘 용해됨 • 여드름 피부, 민감성 피부에 사용
클렌징 젤 Cleansing Gel	• 오일과 로션의 중간타입 • 클렌징 오일에 비해 유분감이 적어 산뜻하며 세안 후에도 촉촉함을 유지 • 쉽고 간편하게 메이크업을 지울 수 있음
클렌징 크림 Cleansing Cream	• 흔히 많이 사용하는 제품 • 친유성의 크림(W/O) 제품으로 광물성 오일이 40~50% 함유되어 두꺼운 메이크업이나 기름때를 제거하는데 사용 • 클렌징 폼이나 비누로 반드시 이중세안 할 것
클렌징 오일 Cleansing Oil	• 수용성 오일 성분을 함유한 제품으로 진한 메이크업이나 워터 프루프 타입의 메이크업을 지울 때 용이함 • 피부에 색조 화장이 착색되는 것을 방지 • 노화피부, 건조한 피부, 예민한 피부에 사용
포인트 메이크업 리무버 Point Makeup Remover	• 아이 메이크업과 립 메이크업 제거용으로 워터 프루프 제품의 경우 전용 리무버를 사용
클렌징 티슈 Cleansing Tissue	• 사용이 간편하여 여행 시 휴대가 편리함 • 강한 압력을 주어 피부에 자극을 줄 수 있음
클렌징 폼 Cleansing Foam	• 부드러운 제형으로 얼굴에 충분한 물기를 제공하여 피부의 자극을 최소화 시켜줌 • 1차 클렌징 후 거품으로 마사지하듯이 가볍게 2차 세안함
스크럽 Scrub	• 미세한 알갱이 모양의 스크럽제를 마사지하듯이 가볍게 문질러 주어 피부 표면의 각질과 노폐물을 제거해 줌

(3) 피부타입별 클렌징 방법

① **정상피부**: 클렌징 선택이 자유로우며 일주일에 1번 각질 제거를 해주면 좋다.

② **건성피부**: 피부가 건조한 타입으로 주름이 생기기 쉬워 피부 수분손실을 최소화하면서 세안이 가능한 워터 또는 로션 타입의 클렌징 제품을 사용한다. 각질이 많을 때는 클렌징 오일로 1차 세안 후 클렌징 폼으로 2차 세안한다. 스크럽 제품은 가능한 사용하지 말고 따뜻한 스팀 타월 후 수분크림을 발라 마무리한다.

③ **지성피부**: 유분이 많고 피지와 노폐물이 모공을 막아 트러블이 생기기 쉬우므로 오일 프리 타입의 클렌저를 선택한다. 클렌징 폼으로 2차 세안을 하며 미온수로 헹구고 찬물로 마무리하여 모공을 축소한다.

④ **복합성피부**: 유분과 건조함을 다 가지고 있어 세심한 관리가 필요하다. 이마, 코 등 T존 부위는 딥클렌징 오일로, 건조한 볼은 부드러운 클렌징 폼이나 젤 타입으로 클렌징 한다. 각질은 T존 위주로 1~2회 사용한다.

- **3Step 클렌징 순서**

  Step 1: 눈과 입술 포인트 리무버를 화장솜에 묻혀 살짝 눌러 붙이고 잠시 기다렸다 문질러 준다. 면봉에 리무버를 묻혀 아이라이너와 마스카라를 한 속눈썹 부분을 살살 닦아 준다.

  Step 2: 피부타입별 클렌저를 선택하여 부드럽게 마사지 하듯 문질러 준 후 미온수나 티슈로 닦아준다. 클렌징 폼을 이용하여 충분한 거품을 낸 후 미온수로 헹궈주고 마무리는 찬물로 모공을 축소시킨다.

  Step 3: 수건으로 가볍게 두들인 후 수분이 날아가기 전에 스킨(화장수)을 이용하여 잔여물을 제거하고 피부를 정돈한다.

2) 화장수 Skin Lotion, Toner

피부의 pH를 약산성(pH4.5~5.5)으로 유지시켜주며 수분을 공급하고 보습을 도와준다. 노폐물 및 세안제 잔여물을 제거 해 주고 피부결을 정돈해 주는 역할을 한다. 수렴화장수는 알코올이 함유되어 있어 청정, 모공 수축, 피지 분비 억제 등 여름철에 주로 사용하며 유연화장수는 보습과 피부 보호를 목적으로 매끈하고 촉촉한 상태로 피부를 유지시켜준다.

3) 로션 Lotion, Emulsion

화장수와 크림의 중간 제형으로 수분, 유분, 보습 성분을 공급하여 피부를 부드럽고 촉촉한 상태로 유지시켜주는 기능을 한다.

4) 에센스 Essence

각종 보습성분과 영양 성분, 기능성 성분(미백, 노화방지) 등이 농축되어 있는 것이 특징이며 세럼(serum)이라고도 한다.

5) 크림 Cream

유분과 수분, 보습 성분을 많이 함유하고 있는 반고형상인 크림상태의 에멀션의 일종이다. 피부 표면에 지방막과 비슷한 에멀젼의 막을 만들어 피부를 보호하고 유·수분을 보충하여 피부의 생리작용을 손상 없이 촉촉하게 유지시켜주어 유연하고 건강한 상태로 만들어 준다. 여러 가지 첨가물질에 따라 미백, 노화방지, 자외선 차단 등 다양한 기능을 가진다.

1-2. 한국 메이크업의 역사

학습목표	• 한국 메이크업의 역사를 시대별 흐름에 따라 사회·문화적 배경과 함께 이해하고 학습하여 트렌드를 분석하고 제안 할 수 있는 능력을 배양한다.
세부목표	• 우리나라의 메이크업 역사를 학습하여 한국의 미적 감각에 대해 이해할 수 있다. • 시대 흐름에 따른 사회적 배경을 이해하고 패션, 메이크업, 헤어 특징을 이해할 수 있다. • 현재와 미래의 한국 메이크업 트렌드를 분석하고 제시할 수 있다.

1. 상고시대 上古時代 - 백색피부 선호

▶ 배경

단군신화(檀君神話)에 환웅이 인간이 되고자하는 곰과 호랑이에게 쑥과 마늘을 주고 100일 동안 햇빛을 보지 말도록 한 기록으로 미루어 우리 조상들은 백색 피부를 선호했을 것으로 짐작할 수 있다. 쑥과 마늘은 미백효과와 잡티제거에 효과적인 민간요법으로 많이 사용했던 것으로 알려진다. 이처럼 우리조상들은 외형적 아름다움보다는 내면을 중시하였으며 몸을 청결하게 가꾸고 피부를 희게 가꾸는 노력을 하였다.

▶ 메이크업

《후한서》의 기록에 의하면 읍루(동북방지역)인들은 가공된 돼지기름으로 햇볕과 눈 그을림을 예방했고 피부를 희고 부드럽게 하였으며 동상도 예방했다. 말갈인들은 피부를 희게 가꾸기 위해 오줌으로 세수를 했다는 기록이 전해진다.

낙랑유물 채협총의 채화칠협(彩畵漆篋)에 눈썹이 굵고 진하며 이마가 넓고 머리는 정돈된 단정한 차림의 모습이 표현되어 있으며, 남부지방의 마한, 변진은 원시화장의 형태로 문신이 성행(장식효과, 신분 구별) 하였다.

▶ 헤어

여자는 머리카락을 땋고 수건과 같은 것으로 머리를 덮는 형식이었으며 성인 남자는 상투, 미혼 남자는 피발(머리카락을 풀어 헤치는 것)을 하였다.

2. 삼국시대 三國時代

1) 고구려 高句麗, B.C 37~A.D 668 - 연지 화장

▶ 배경

제일 먼저 국가의 체계를 갖춘 고구려는 한반도 가장 북쪽에 뒤치하여 중국과의 교역이 활발하였다. 북쪽의 만주계, 중국계 등 혼합적인 요소로 다양한 문화가 공존하였으며 화장 문화의 유입이 가장 빨랐고 평상시와 외출 및 의례(儀禮)의 치레가 달랐으며 계급과 신분[1], 나이를 구별하여 치장하였다.

▶ 메이크업

중국과 인접하여 삼국 중 가장 먼저 화장 문화가 유입되었으며 신분과 직업, 나이, 의례를 구별하여 치장하였다. 주사로 연지(臙脂)를 제조하였으며 이 기술을 일본에 전하였다.

고구려 여성들의 화장기록으로는 쌍용총 고분벽화와 안악 제3호 무덤의 초상화, 수산리 고분의 귀부인상이 있다. 안악 제3호 무덤의 초상화에는 살찐 얼굴형과 가는 눈매, 작은 입에 자애로운 여인의 모습이 표현되어 있으며 수산리 고분벽화에는 갸름한 얼굴형에 연지곤지 화장의 모습으로 주술적 의미의 귀부인상이 표현되어져 있다. 쌍용총 고분벽화에는 보름달처럼 둥근 얼굴에 뺨과 입술에 연지로 단장하고 눈썹은 짧고 뭉툭하게 그렸으며 눈 꼬리부분에 오렌지색 섀도를 한 여인의 모습이 표현되어 있는데 이는 여관, 시녀로 보여 진다.

후한서에는 신분과 직업에 따라 각기 다른 치장을 하였으며 삼국사기에는 무녀와 악공이 연지 화장을 한 기록이 남아있다.

그림 1-1 고구려 쌍용총 고분벽화

그림 1-2 「묘주부인상」수산리 고분벽화

1) 전성정외 3인(2001), 「미용미학과 미용문화사」, 청구문화사, p239.

▶ **헤어**

여자는 얹은머리, 가체를 이용한 고계(높고 크게 머리를 맺는 결발양식)를 하였다.

2) 백제 百濟, B.C 18~A.D 660 - 엷고 은은한 화장

▶ **배경**

한강유역을 중심으로 생성된 백제는 섬세하고 세련된 높은 수준의 문화로 중국과 문물교류를 하였으며 일본에 많은 영향을 주었다.

▶ **메이크업**

화장 문화에 대한 구체적 기록은 없으며, 중국 명대의 「삼재도회(三才圖會)」에 일본이 백제로부터 화장품 제조기술과 화장법을 배워갔다는 기록[2)]으로 보아 진보된 화장기술을 보유하고 있음을 알 수 있다. 또한 백제의 화장경향을 시분무주(施粉無朱), 즉 분은 발랐으나 연지는 바르지 않았다는 기록을 통해 백제여인들은 옅고 은은한 화장을 하였음을 알 수 있다.

▶ **헤어**

머리모양으로 기혼, 미혼을 구별하였다.

3) 신라 新羅, B.C 57~A.D 668 - 향과 목욕의 대중화(영육일치사상)

▶ **배경**

한반도 동쪽 가장 아래쪽에 위치한 신라는 불교의 영향으로 향과 목욕 문화가 발달하였다. 이는 '아름다운 육체에 아름다운 정신이 깃든다.'는 영육일치사상(靈肉一致思想)[3)]으로 남녀 모두 청결하고 아름답게 꾸미는 풍조가 성행하였다.

▶ **메이크업**

색조 화장보다는 머리미용에 관심이 많아 머리모양과 장신구가 발달하였고 목욕이 대중화되어 청결, 청정을 강조하였다. 피부의 세정작용을 위해 조두(澡豆, 가루비누)를 팥, 녹두, 쌀겨로 만들어 사용하였으며 미묵(眉墨)으로 눈썹화장을 하였는데 남자는 팔자 눈썹모양으로 여자는 족집게로 뽑거나 가다듬은 다음 눈썹을 표현하였다. 백분(곡식 가루나 광물성 가루)과 연지(홍화, 잇꽃), 머릿기름(동백, 아주까리, 수유의 열매), 향수, 향료를 사용하였다.

2) 권구정 외 3인(2006), 「MAKE UP ICON」, 청구문화사, p.15.
3) 조완길(1987), 「한국미용문화사」, 열화당, p.26.

신라 말에는 '화랑(花郞)'이라는 단체를 조직하여 남성들도 여성 못지않은 화장과 치장을 하였다.

▶ 헤어

여자는 가체, 쪽진 머리를 하였으며 남성은 상투를 하였다.

3. 통일신라시대 統一新羅, 669~935 - 짙고 화려한 색조 화장

▶ 배경

삼국 통일 후 정치적, 경제적 생활이 안정되었으며 당과의 활발한 문화교류는 한층 더 발달하였다. 신라는 주로 조각, 건축 등 조형 미술을 중심으로 종교적인 영향인 불교 미술이 주류를 이루었다. 또한 귀족문화의 발달로 사치스럽고 화려한 치장에 어울리는 미용법이 개발되었으며 통일신라인의 치장은 의상, 장신구, 화장이 삼위일체를 이루었다.

▶ 메이크업

중국(당)의 매우 짙고 화려한 색조 화장이 유입되어 화려한 치장을 즐겼으며 흰 피부와 붉은색을 염색한 색분을 제조하여 연지와 함께 볼연지로 사용하였다. 이 같은 연분의 제조기술은 보편화 되었으며 여성뿐 아니라 남자들도 멋내기에 치중하였다. 특히 남자 무용수나 화랑들은 화려한 장신구와 의상, 화장으로 치장하였다.

▶ 헤어

동백, 아주까리, 수유의 열매로 머릿기름을 제조하여 머리손질을 하였고[4], 미혼여성은 땋은 머리를, 기혼녀는 쪽진 머리나 얹은머리를 하였다.

| 그림 1-3 | 장식빗, 통일신라시대

4) 전선정 외 3인(2006), op.cit, p.253.

4. 고려시대 高麗, 918~1392 - 여성화장의 이원화(분대화장, 담장)

▶ 배경

삼국시대에 이어 불교는 국가권력과 귀족을 중심으로 발전하였으며 경제적으로나 문화적으로 진보하고 사회구조를 정립하면서 중앙집권적 귀족사회의 특징을 띄게 되었다.

▶ 메이크업

송나라 사신 서긍의 「고려도경(高麗圖經)」에 의하면 "향유 바르기를 좋아하지 않고 분은 바르되 연지를 즐겨 바르지 않았고 눈썹은 넓게 그리고, 검은 비단으로 만든 너울을 쓰고, 감람(橄欖) 빛깔의 넓은 허리띠를 두르고 채색한 끈에 금방울을 달고, 비단 향낭을 여럿 찼는데, 향낭을 여러 개 패용할수록 자랑스럽게 여겼다"[5]고 적혀 있으며 「고려사절요」에는 "얼굴에 분만 바르고 연지를 쓰지 않았으며, 버들잎 같은 눈썹만 그렸다"고 전해진다.

중국의 기녀(妓女)제도를 본받아 교방이라는 관청을 두어 기녀를 제도화하였으며 이는 미용과 복식에도 영향을 미쳤다. 대표적인 예가 기생을 중심으로 한 분대(粉黛)화장이다. 분을 하얗게 바르고 눈썹을 가늘게 가다듬어 또렷하게 그렸으며 입술은 붉게 연지를 바르고 볼은 복숭아 색으로, 머릿기름을 바르는 것이 분대화장의 특징이었다. 반면 여염집 여성들은 옅고 우아한 화장을 즐겼으며 이는 여성화장의 이원화(二元化)를 가져오게 된다.

고려시대에 얼굴화장품(면약, 面約)은 남·여 구분 없이 사용하였으며 고려 말에는 모발염색이 행해졌다. 화장구로는 족집게, 손톱다듬기, 화장 용기함 등이 있다.

▶ 헤어

초기의 귀족과 왕족들은 몽고의 영향으로 남자들은 개체 변발을 하였으나 차츰 상투와 얹은 머리로 되돌아갔다. 여성은 속발, 얹은머리, 쪽진 머리를 하였다.

5. 조선시대 朝鮮, 1392~1910 - 여인상과 미인상의 양분화

▶ 배경

조선 초기에는 고려시대의 사치와 퇴폐풍조에 대한 반작용으로 근검, 절약을 강조하였으며 억불숭유 정책으로 유교가 조선왕조의 지도이념이 되었다. 유교사상은 외적 아름다움보다는 내면의 아름다움을 강조하며 검소함과 정결함을 강조하였다.

5) 전완길(1987), op. cit, p.46.

복식문화는 평상시의 치장과 의례치장이 구분되어 이중구조를 보였으며 예를 표현하고 그것을 지키기 위한 목적을 가장 중시하였다.

▶ 메이크업

치장이 화려했던 고려시대에 대한 반작용으로 검소하고 청결함을 강조했던 조선시대의 일반 여성들은 지(智), 덕(德), 체(體)를 갖춘 은은하고 수수한 기초화장 위주의 담장을 하였다. 남성들도 세수와 목욕 등 신체를 청결히 하는 것을 중요시 하였다.

고려시대에 이어 소실과 기생들은 분대화장을 하였는데 옥같이 흰 살결, 가늘고 수나비 앉은 듯한 눈썹, 구름을 연상시키는 머리, 복숭아 빛 뺨, 앵두 빛 입술, 박속처럼 흰 이, 가는 허리[6]의 여성을 선호하였다.

조선시대에는 눈썹화장의 발달로 눈썹 숱과 길이를 다듬고 버들잎 모양으로 둥글고 자연스럽게 그렸으며 검정색, 밤색, 회색, 자색 등 여러 가지 색상을 사용하였다. 「지봉유설(芝峰類說)」에 "눈썹이 너무 검으면 딱딱한 느낌을 주게 되므로 누런색의 가루를 발라 부드러운 느낌이 들었다"는 기록[7]이 전해진다. 또한 「규합총서」에는 〈화미십교〉라는 열 가지 눈썹형태와 박 줄기나 오이, 수박 등의 수세미 덩굴로 미안수를 제조했다는 기록이 남아 있어 이 시대에 화장에 대한 관심이 얼마나 높았는지를 미루어 짐작할 수 있다.

숙종(1647-1720)때 화장품을 생산·판매하는 매분구(賣粉嫗)와 생활용품을 파는 방물장수를 통해 방문판매가 성행하였으며 궁중의 화장품을 제조하고 전담하는 기관인 보염서가 있었다.

▶ 헤어

여성은 트레머리(얹은머리), 쪽진 머리, 땋은 머리가 유행하였다.

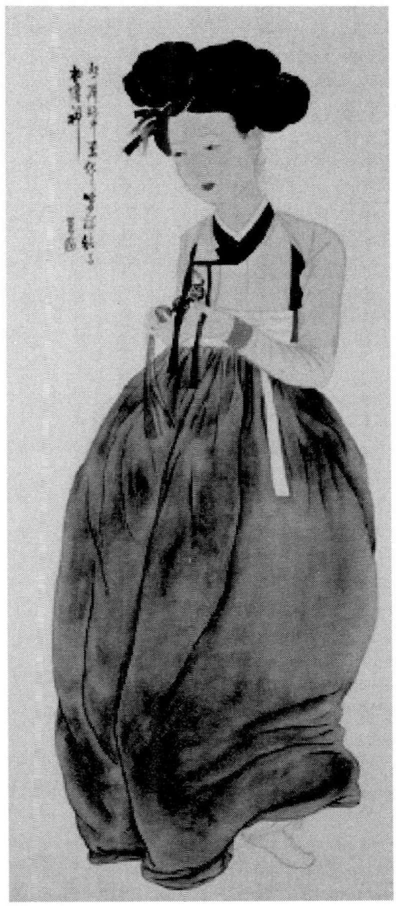

그림 1-4 「미인도」신윤복, 18세기말

6) 전완길(1987), Ibid, p.46.
7) 권구정 외 3인(2006), op. cit, p.19.

▪ 화장의 농도에 따른 표현

담장(淡粧): 오늘날의 기초화장으로 피부를 희고 깨끗하게 가다듬는 정도의 간단한 화장
농장(濃粧): 담장보다 더 짙은 화장으로 오늘날의 색조 화장
염장(艶粧): 요염한 색태를 표현한 짙은 색조 화장
응장(凝粧): 농장과 비슷하나 더욱 두드러지게 꾸민 화장, 혼례화장
야용(冶容): 억지로 아름답게 꾸민다는 의미로 지나치게 짙은 화장

▪ 화장의 다양한 표현

야용(冶容): 얼굴화장만을 지칭
단장(丹粧): 얼굴화장과 몸단장까지 지칭
장식(裝飾): 화장에 장신구까지 치장한 경우를 지칭
성장(盛裝): 화장에 장신구, 옷차림까지 화사하게 했을 경우를 지칭

6. 현대

년도	특징	이미지
1900년 ~1910년	• 을사조약과 신교육으로 개화기가 빠르게 진행되면서 여성의 화장문화에도 변화가 생겼다. 단발령이 내려지고 여성은 퐁파두르 스타일을 하였으며 신여성을 중심으로 개량한복과 양장 착용이 확대되었다. • 수공업 단계의 화장품 산업으로 국산화장품보다는 중국과 일본의 수입화장품을 선호하였다(백분, 크림, 비누, 향수).	 그림 1-5 기생의 모습
1920년 ~1930년	• 분세수 후 백분을 바르고 눈썹을 다듬었으며 진한 색상의 입술연지를 바랐으며 머릿기름으로 윤기 있고 건강한 이미지를 표현하였는데 이를 신식화장법이라 하였다. • 배달기름(머릿기름), 연부액(미백로션), 유액(밀크로션), 연향유 밀기름을 시판하였다. • 1922년 '박가분'이 국산화장품 제조허가 1호가 되었다. • 1929년 최승희의 화장패턴과 단발머리가 크게 유행하였다. • 오엽주가 '화신미용원'을 개설하면서 최초의 미용사라는 직업이 생기게 되었다.	 그림 1-6 현대무용가 최승희, 한국무용사전
1940년	• 8.15 해방이후 일제 화장품 위주의 시장에서 국산화장품 시장으로 전환되었으며 화장품의 기능이 세분화 되었다. • 퍼머넌트 헤어가 다시 유행을 했으며 '피카소', '나나', '제트', '아스타', '동보 구리무' 등 국산화장품이 등장하였다. • 아이라인과 마스카라를 강조한 포인트 메이크업이 유행하였다.	 그림 1-7 가수 백난이
1950년	• 6.25전쟁으로 국산화장품 산업이 위축되었으나 전쟁 후 미군의 주둔으로 수입화장품과 밀수화장품, PX 유출품이 화장품 시장을 장악하였다. • 콜드크림으로 클렌징을 하거나 마사지를 하는 등 다양한 목적으로 사용하면서 윤기 있고 번들거리는 화장법이 인기를 끌었다. • 미국 잡지와 영화의 영향으로 외국 여배우들의 메이크업이나 헤어스타일이 유행하였는데 특히, 오드리 햅번의 굵고 진한 눈썹과 또렷한 아이라인, 입체적 아이섀도, 흰 피부톤, 핑크 계통의 립스틱, 쇼트 헤어스타일이 유행하였다. • ABC포마드, 바니싱 크림, 물분, 머릿기름 등을 제조판매 하였다.	 그림 1-8 ABC포마드 광고

1960년	• 문화의 주체성 확립과 경제개발계획을 추진하였으며 국민들의 소득향상으로 매스 미디어가 대중문화를 선도하였다. • 1965년 가수 윤복희가 귀국하면서 쇼트 커트헤어에 미니스커트를 입어 크게 유행시켰다. • 해외 영화배우의 영향으로 녹색이나 블루 아이섀도와 선명한 아이라인, 과장된 인조 속눈썹으로 눈화장을 강조하였으며 립라인을 그려 육감적인 모습을 강조하였다. • 서양 피부톤에 맞춘 파운데이션 색상을 한국 피부톤에 맞도록 변화하였다.	 ▮그림 1-9▮ 아모레 광고, 1963년
1970년	• 새마을 운동으로 도시화·산업화가 가속화되고 물질만능주의가 팽배해졌으며 이기주의가 확대되었다. • 청바지와 통기타, 장발, 미니스커트를 상징하는 청년문화시대로 기성복이 보편화되고 초기에는 레이어드룩이, 중반에는 핫팬츠와 판탈롱이 유행하였다. • 이 시기는 화장품 산업의 성장기로 계절별로 다른 화장법과 T.P.O를 고려한 화장법이 전개되었다. • 속눈썹을 강조한 뚜렷한 인상을 연출하였고(블러셔의 사용으로 얼굴윤곽을 뚜렷하게 표현) 섬세하고 가늘게 눈썹을 그렸다. • 1971년 '오! 마이러브' 화장품 캠페인 실시 • 가벼운 웨이브 컬로 여성스러움을 연출한 헤어스타일이 인기를 끌었다.	 ▮그림 1-10▮ '오, 마이러브' 캠페인 광고, 1971년
1980년	• GNP 상승과 88서울올림픽 개최, 해외여행 자율화로 국제교류가 활발해지며 경제적·문화적 안정기에 접어들었다. • 칼라TV시대와 매스미디어의 보급이 보편화, 대중화되면서 컬러에 대한 관심을 높이고 개성을 중시하는 계기가 되었다. • 80년대 초반에는 짙은 눈썹, 브라운 색상의 아이섀도, 빨간 립스틱의 보이시한 이미지가 유행하였고, 80년대 후반에는 과감한 컬러(핑크, 퍼플)와 섀딩이 돋보이는 입체메이크업, 눈썹은 짙고 입술은 붉게 서구적 이미지를 강조한 메이크업이 유행하였다.	 ▮그림 1-11▮ 아모레 나그랑, 1984년
1990년	• 1995년 해외시장개방으로 무한경쟁 시대와 화장품 생산의 고급화 시대가 도래하면서 여성들의 메이크업이 더욱 개성화되었다. • 인구문제와 식량위기, 자원개발, 자연파괴 등 지구 온난화와 오존층 파괴로 환경문제가 중요하게 부각되면서 자연주의 화장품 브랜드에 대한 관심이 증가하게 된다. • 고령화 사회 진입으로 피부노화 방지 화장품의 수요가 증가하고 자연스러운 피부표현과 자연친화적인 컬러의 아이섀도(베이지, 오렌지, 브라운 계열)가 에꼴로지 경향으로 나타나게 된다.	 ▮그림 1-12▮ 아모레 마몽드 광고, 1993년

2000년	• 개성화 시대, 미래 지향, 개인의 삶에 가치에 영감을 주는 '감성소비'시대가 나타나기 시작한다. • 웰빙 열풍으로 식물성 자연화장품이 선호되고 에콜로지와 복고풍의 영향으로 골드 브라운 메이크업 색상이 유행을 이끈다. • 베이지, 핑크, 오렌지, 로즈색상 등 피부 본연의 투명감을 살린 자연스러운 메이크업이 유행한다. • 2005년 이후 한류열풍으로 한국연예인들의 메이크업, 패션이 아시아주변국들 사이에서 아이콘으로 급부상한다. • 레트로 패션과(1920년대 플래퍼 스타일, 1930년대 할리우드 스타일, 1940년대 레트로 스타일, 1950년대 모더니즘, 1960년대 미니멀리즘, 1970년대 자유주의, 1980년대 보헤미안) 윤리적 패션(지구를 지키기 위한 오염과 공해를 줄이려는 친환경패션)이 유행을 이끈다.	 ▌그림 1-13▐ **헤라 아틀리에, 2004년**
2010년 이후	• 디지털 정보기술의 발전, 섬유패션과 디지털 하드웨어 및 소프트웨어 응용기술이 융합하여 스마트 웨어에 등장한다. • 기능성과 감성이 부각되는 화장품산업이 발달 • 환경과 생태계를 고려한 친환경 성분의 화장품, 즉 안티 에이징, BB크림, 한방화장품이 크게 유행한다. • 색조보다는 깨끗한 피부를 강조한 내추럴 메이크업이 부각되고 자연미인, 순수미인이 주목되는 시기이다.	 ▌그림 1-14▐ **향장, 2013년**

1-3. 피부 메이크업 Skin Makeup

NARS

1. 피부색 Skin Color

사람의 피부색은 인종과 지역, 성별, 연령 등에 따라 각기 다르며 외적인 요소(스트레스, 자외선, 건강상태)에 의해서도 변화한다. 진피 표층의 모세혈관 내의 혈액의 빛깔과 표피와 진피 내의 색소에 의해 결정되는데 표피층의 두께나 그 밖의 병적 색소의 출혈에 의해 변화된다.

피부색은 대부분 태어날 때부터 고유색을 가지고 있으며, 헤모글로빈(Hemoglobin)이 많으면 붉은색을 띠고 적으면 창백해 보인다. 정맥혈이 정체되면 청색, 카로틴(Carotin)이 많으면 황색을 띠게 된다. 멜라닌(Melanin) 색소 수는 모든 인종에 관계없이 일정하며 피부색의 차이는 색소 세포의 멜라닌 생성작용의 차이에 의해 백인종, 황인종, 흑인종으로 피부색이 결정된다.

한국 사람들의 피부색은 대부분 노란 기를 가진 베이지계의 피부색이 많다. 같은 베이지색이라도 사람마다 미묘하게 색 차이를 보여주며 이러한 색은 따뜻함을 느낀다. 또한 핑크 기를 가진 피부 색상들은 차가움을 느끼게 된다. 다시 말해 피부에 황색 기가 포함되어 있는 베이지계(크림계, 오클계)를 웜 톤(Warm Tone)이라하고 핑크 기가 포함된 핑크계 피부는 차가움을 느끼게 되어 쿨 톤(Cool Tone)이라 한다. 이러한 구분은 피부색뿐만 아니라 피부질감, 눈동자 색, 머리카락 색, 머리카락 질감에 따라 그 유형을 사계절 컬러(Four Seasons Color)로 나누고 이를 퍼스널 컬러(Personal Color)라 한다.

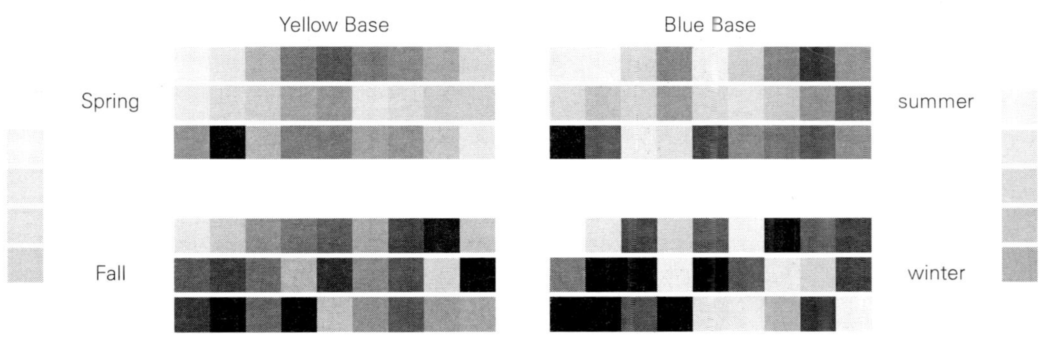

그림 1-15 퍼스널 컬러

2. 얼굴의 균형도 Face Proportion

1) 얼굴의 명칭

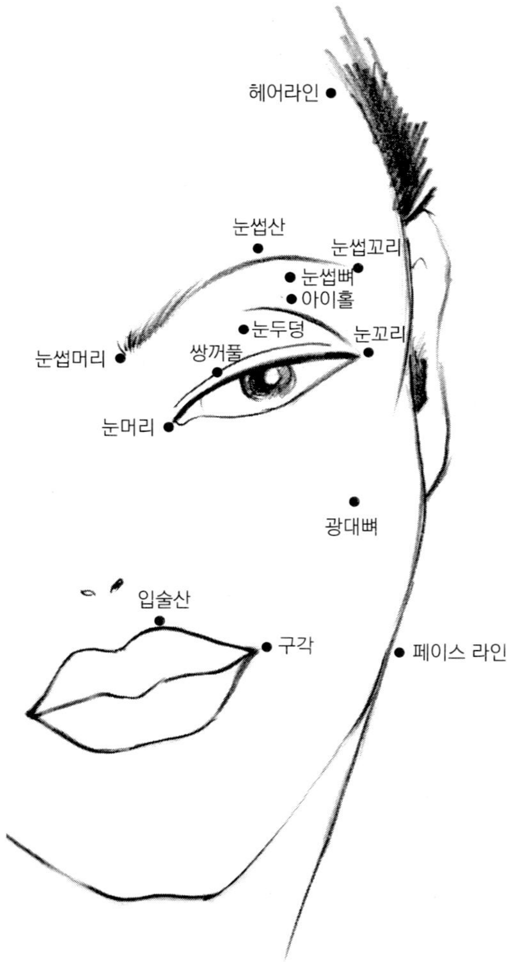

그림 1-16 얼굴의 명칭

2) 얼굴의 균형도

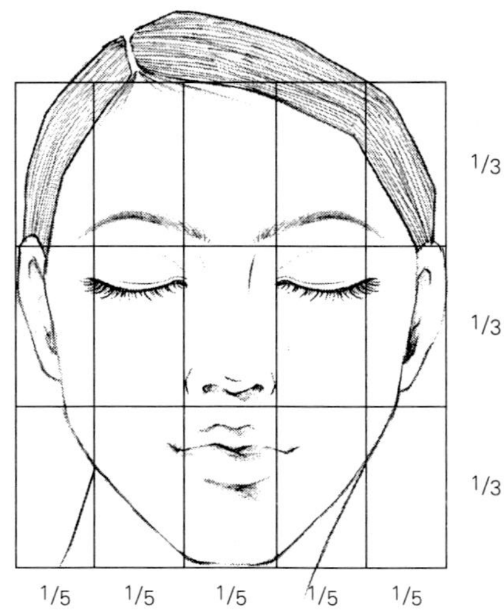

그림 1-17 얼굴의 균형도

얼굴의 균형도란 이상적인 얼굴의 비율을 표현한 것으로 서양인의 경우 가로길이와 세로길이의 비율이 1:1.5정도로 계란형에 가깝고 동양인 얼굴은 1:1.3정도가 이상적으로 본다.

세로분할 - 1:1:1로 3등분
① 헤어라인부터 눈썹까지
② 눈썹에서 코끝까지
③ 코끝에서 턱 끝까지

가로분할 - 1:1:1:1:1로 5등분
① 페이스라인 끝에서 눈꼬리까지
② 눈꼬리에서 눈머리까지
③ 눈머리에서 반대쪽 눈머리까지
④ 반대쪽 눈머리에서 눈꼬리까지
⑤ 반대쪽 눈꼬리에서 페이스라인 끝까지

1-4. 베이스 메이크업 Base Makeup

학습목표	• 베이스 메이크업은 피부 이미지 표현을 극대화하기 위하여 색조 메이크업 전 단계로 메이크업 베이스에서 파우더까지 실행할 수 있는 능력이다.
세부목표	① 얼굴의 피부색 및 피부 톤에 따른 베이스 제품을 구분할 수 있다. ② 베이스 제품의 질감, 발림, 밀착성 등을 고려하여 제품을 선택할 수 있다. ③ 베이스 제품의 특성에 따른 표현 도구를 사용할 수 있다.

1. 도구 Tool

밝고 화사한 피부를 표현하는데 있어 도구는 필수적이다. 각 지품에 적합한 도구를 숙지하여 사용하면 잡티, 홍조, 주근깨 등 피부트러블을 커버할 뿐 아니라 피부결과 표면을 매끄럽게 표현하여 건강하고 화사한 피부를 연출할 수 있다.

분류	특징	이미지
파우더 브러시 Powder Brush	• 소재 : 부드러운 천연모 • 형태 : 브러시 종류 중 가장 큰 것으로 둥근 형태 • 활용 : 파우더를 바르고 양을 조절할 때 사용	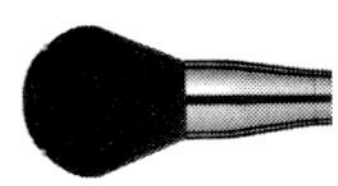
파운데이션 브러시 Foundation Brush	• 소재 : 합성모, 천연모와 합성모의 혼합 • 형태 : 끝이 납작하거나 둥근 모양 • 활용 : 메이크업 베이스, 파운데이션을 바를 때 사용	
컨실러 브러시 Concealer Brush	• 소재 : 합성모 • 형태, 활용 : 다크 서클용- 탄력이 있으며 주로 납작한 모양 결점 커버용- 결점이나 코 주위의 붉은 기를 커버 할 때 사용하며 주로 끝이 뾰족하고 둥근 형태	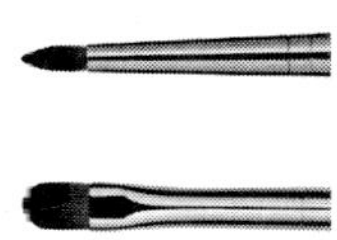
팬 브러시 Pan Brush	• 소재 : 부드러운 합성모, 뻣뻣한 오소리 털 • 형태 : 부채꼴 모양 • 활용 : 파우더, 메이크업 잔여물을 털어낼 때 사용	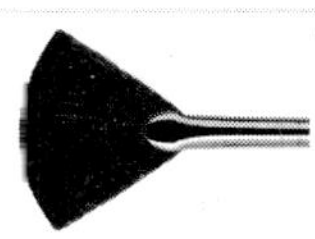
스펀지 Sponge	• 소재 : 라텍스(latex), 합성섬유, 해면 • 형태 : 둥근형, 삼각형, 사각형, 물방울모양 • 황용 : 메이크업 베이스나 파운데이션을 바를 때 사용	
퍼프 Puff	• 소재 : 면, 벨벳, 합성섬유 • 형태 : 둥근형, 사각형, 삼각형 • 활용 : 파우더를 바르거나 양을 조절할 때 사용	

팔레트 Palette	• 소재 : 플라스틱, 스텐 • 형태 : 사각형, 원형 • 활용 : 파운데이션, 립스틱, 펄 제품 등의 색상을 혼합할 때 사용	
스패튤라 Spatula	• 소재 : 스텐, 금속류, 플라스틱 • 형태 : 주걱 모양이나 일자로 긴 형 • 활용 : 파운데이션, 립스틱 등을 덜어내거나 배합할 때 사용	

MAKE UP FOR EVER PROFESSIONAL - PARIS COLOR CHART SPRING - SUMMER, 2016

▪ 브러시 세척방법

- 브러시는 피부에 직접 닿는 도구로 세균의 번식으로 위생관리와 보관이 매우 중요하다.
- 사용할 때마다 색조 화장품의 잔여물을 티슈에 브러시의 결 방향으로 털어내는 것이 좋다.
- 브러시 세척 시 전용 클린저를 이용하거나 미지근한 물에 중성세제나 샴푸를 풀어 가볍게 헹군 다음 트리트먼트나 린스로 다시 한 번 헹구어 브러시의 정전기와 부드러움을 살려준다.
- 마른타월에 물기를 제거해 준 후 브러시의 형태를 유지시켜 그늘에 가지런히 눕혀서 말리거나 전용 브러시건조대에 거꾸로 세워서 말려준다.
- 립 브러시나 파운데이션 브러시, 컨실러 브러시는 사용 즉시 세척해야 세균의 번식을 막을 수 있다.

2. 메이크업 베이스 Makeup Base

파운데이션의 전 단계의 과정으로 피부결과 피부톤을 보정하는 역할을 하며, 본인의 피부상태를 잘 파악하여 기능과 용도에 적합한 제품을 선택하여 사용한다.

1) 기능

- 피부톤을 조절하고 피부결을 정리한다.
- 파운데이션의 밀착력과 지속력을 높여준다.
- 파운데이션의 피부침투를 막아주어 피부를 보호한다.
- 피부색을 보정한다.

2) 화장품 종류

- **무스 메이크업베이스 Mousse Makeup Base** : 공기처럼 가벼우며 얇게 밀착되어 모공을 커버하고 과도한 피지는 조절하여 파운데이션의 밀착력과 지속력을 향상시킨다.

- **펄 메이크업베이스 Shimmery Makeup Base** : 펄이 함유되어 있어 글로시한 피부표현을 위해 사용된다. 피부결을 균일하고 건강하게 보이도록하며 조명의 각도에 따라 입체감을 강조한다.
- **모이스처라이저 메이크업베이스 Moisturizer Makeup Base** : 수분감을 주어 촉촉한 피부를 연출한다.
- **프라이머 Primer** : 실리콘 성분을 함유하고 있어 피부의 얇은 막을 형성한다. 얇은 막은 과도한 피지분비를 조절하고 모공을 커버하여 피부결을 매끄럽게 만들고 피부의 지속력을 높여준다.
- **컬러 컨트롤 메이크업베이스 Color Control Makeup Base** : 피부색을 보정하며 피부에 적합한 색상을 선택하여 사용한다.

색상	기능
White	피부를 밝고 투명하게 표현
Pink	창백한 피부에 혈색을 부여하고 피부를 화사하고 밝게 표현
Green	모세혈관이 확장된 붉은 기가 있는 피부나 여드름 피부에 적합
Violet	동양인의 피부나 노란 피부를 중화시켜 혈색을 밝게 표현
Yellow	어둡고 칙칙한 피부톤을 보정할 때 사용
Orange	햇볕에 그을린 피부나 검은 피부를 건강한 피부로 표현할 때 적합
Blue	기미, 주근깨 등 잡티가 많은 피부에 적합

3. 파운데이션 Foundation

피부의 결점을 커버하고 피부톤을 정돈하여 더욱더 아름답게 보이도록 하기위한 단계로 자신의 피부에 적합한 파운데이션을 선택하여 투명하면서도 화사한 입체감 있는 피부를 만들 수 있다.

1) 기능

- 피부색을 조절하고 피부결을 정돈한다.
- 피부의 결점을 커버한다.
- 외부자극으로부터 피부를 보호한다.

- 얼굴의 골격이나 윤곽을 수정하여 입체감을 부여한다.
- 색조 화장을 돋보이게 하고 지속력을 높인다.

2) 화장품 종류

피부 질감표현에 따라 유분, 수분, 펄 등이 함유된 파운데이션을 선택하여 사용하며, 선크림이나 복합성 기능이 포함되어 있는 BB크림, CC크림 등이 있다.

- **에어브러시 파운데이션 Air Brush Foundation** : 에어브러시를 응용한 형태로 입자가 매우 곱게 분사된다. 모공 및 거친 피부결을 효과적으로 커버하고 빠른 시간에 메이크업을 할 수 있다.
- **리퀴드 파운데이션 Liquid Foundation** : 수분함유량이 많아 사용감이 촉촉하고 가벼우며 자연스러운 피부표현에 좋다. SPF성분이 함유되어 있는 제품도 있으며 모든 피부에 적합하다.
- **크림 파운데이션 Cream Foundation** : 보습효과가 띄어난 오일, 버터 등의 유분과 수분의 배합으로 촉촉하고 광택 있는 피부를 만들어 주며 잡티를 커버한다. 건성피부에 적합하다.
- **스틱 파운데이션 Stick Foundation** : 커버력이 강하고 지속력이 우수하다. 단단한 스틱제형으로 영화, 무대, 쇼 메이크업 등의 전문가용으로 사용된다.
- **콤팩트 파운데이션 Compact Foundation** : 파운데이션과 파우더 기능이 결합된 형태로 커버력이 높고 매트하다. 투웨이 케이크, 파우더 파운데이션라고도 한다.
- **쿠션 파운데이션 Cushion Foundation** : 스펀지 속에 파운데이션이 담겨진 형태로 모이스처라이저 가능과 선크림, 화이트닝, 쿨링 등 다양한 기능들이 복합되어 있다. 휴대가 용이하여 수정 메이크업용도로 많이 사용된다.

▪ BB 크림

피부과 치료 후 피부재생 및 보호목적으로 사용됐던 블레미시 밤(Blemish Balm)의 다른 이름으로 독일에서 시작됐다. 요즘은 피부톤을 커버해주며 자외선 차단, 미백, 주름 개선, 펄 피그먼트가 들어있어 화사하게 빛나는 피부를 연출한다.

▪ CC 크림

자외선 차단과 함께 피부톤을 고르게 보정해 주며, 은은하고 자연스러운 윤기를 선사하는 프라이머 기능을 한다.

3) 파운데이션 사용

(1) 파운데이션 바르는 방법

① 손, 스펀지, 브러시 등 본인이 사용하기 편한 도구를 선택한다.
② 얼굴의 넓은 부위부터 안쪽에서 바깥쪽을 향해 밀기(Sliding)와 두드리기(Patting), 블렌딩(Branding)을 반복하여 흡수력과 밀착력을 높인다.
③ 콧방울이나 눈 주변은 세심하게 피부결을 따라 발라준다.
④ 한 번에 많은 양을 사용하기 보다는 적은 양을 여러 번 겹쳐 사용하여 밀착력을 높이고 얼굴 바깥쪽으로 갈수록 파운데이션의 양을 줄여준다.
⑤ 헤어라인과 페이스라인에 경계가 생기지 않도록 자연스럽게 그러데이션 한다.

(2) 도구에 따른 사용방법

도구	사용방법
손가락 Finger Work	• 체온에 의해 흡수가 잘 되고 쉽게 도포할 수 있다. • 크림이나 리퀴드 파운데이션 도포 시 용이하다.
스펀지 Sponge Work	• 크림이나 스틱 타입의 고형제품을 사용할 때 용이하다. • 사용이 간편하며 사용 후 가위로 자르거나 1회용으로 사용한다.
브러시 Brush Work	• 소량의 리퀴드 파운데이션을 얇게 여러 번 바를 수 있다. • 손가락이나 스펀지가 닿지 않는 부분까지 섬세하게 펴 바를 수 있다. • 브러시의 결이 생길 수 있으므로 테크닉을 숙지하여야 한다.

(3) 테크닉에 따른 사용방법

기법	용도
밀기 Sliding	• 손이나 스펀지, 브러시를 사용하여 얼굴 전체에 문지르듯 밀어서 퍼지게 하는 테크닉
선긋기 Lining	• 브러시를 사용하여 선을 긋는 것처럼 표현하는 테크닉
두드리기 Patting	• 손이나 스펀지로 두드리는 테크닉 • 제품의 흡수력과 밀착력을 높여준다.
블렌딩 Branding	• 두 가지 이상의 색상을 서로 경계지지 않도록 그러데이션 하는 테크닉 • 손이나 스펀지, 브러시를 사용

▪ 파운데이션 색상 선택 요령

- 먼저 본인의 피부유형을 알고 이에 적합한 색상과 질감을 선택한다.
- 색상 선택 시 뺨과 목의 중간위치에 색상테스트를 하여 자연스럽게 어우러지는 색상을 선택한다.
- 자연광에서 선택하는 것이 좋다.
- 얼굴에 입체감을 표현하고자 한다면 한 가지 색상을 선택하기보다는 두 가지 이상의 색상을 선택하여 얼굴 중심부분은 한톤 밝은 색상으로 하이라이트를 표현해 준다.

4) 얼굴 구역별 파운데이션 테크닉

① S-Zone : 볼 부분의 넓은 부위로 파운데이션 도포 시 가장 먼저 작업할 수 있으며 움직임이 적어 메이크업이 쉽게 지워지지 않는다.

② T-Zone : 얼굴에 가장 돌출되어 있는 부분으로 베이스 컬러보다 한두톤 밝은 색상을 선택하여 하이라이트를 표현한다. 피지의 분비가 활발한 부분으로 피부표현을 두껍게 하면 뭉치거나 잘 지워지기 쉽다.

③ O-Zone : 피부가 얇고 주름이 생기기 쉬운 부분으로 파운데이션을 최대한 얇게 남은 여분으로 피부표현 한다.

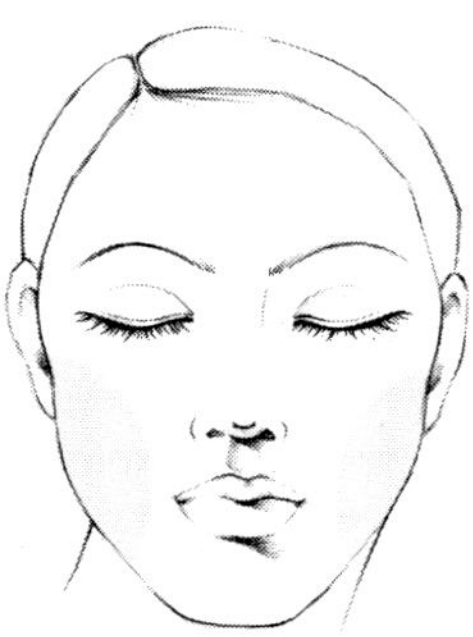

▮그림 1-18▮ S-Zone

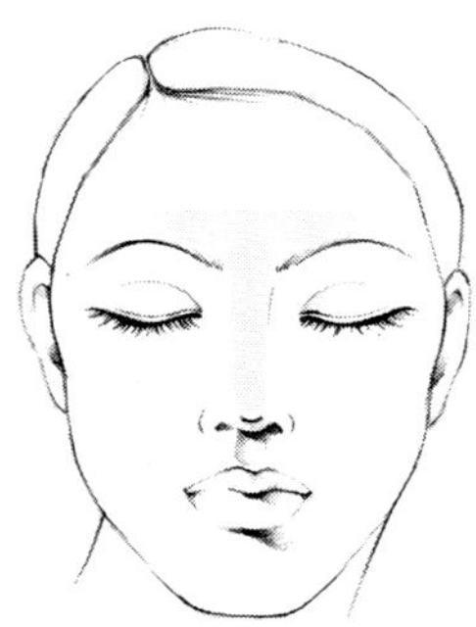

▮그림 1-19▮ T-Zone

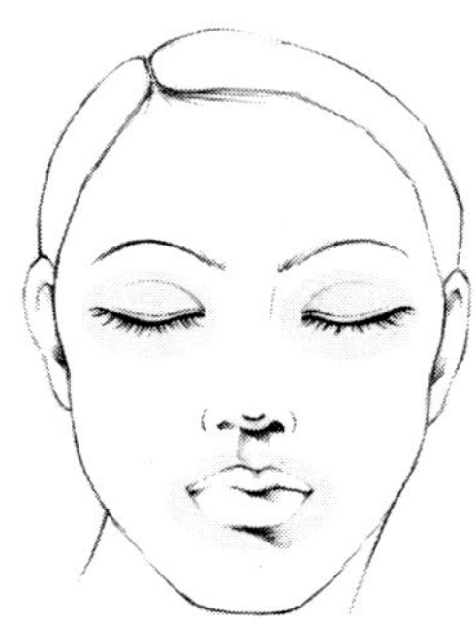

▮그림 1-20▮ O-Zone

④ Y-Zone : 눈 밑 부분과 턱 중앙 부위를 일컬으며 하이라이트 한다. 다크써클이 많은 부분으로 제품을 소량 묻혀 얇게 커버해야 한다. 베이스컬러보다 한톤 밝은 색상을 선택하여 얼굴을 화사하게 표현해 준다.

⑤ 헤어라인 존(Hair Line-Zone), 페이스라인 존(Face Line-Zone) : 얼굴 바깥 부분으로 베이스 컬러보다 한톤 어두운 색상을 선택하여 경계가 지지 않도록 그러데이션 해준다. 남은 여분의 파운데이션을 이용하여 얇게 발라주며 목이나 귀까지 자연스럽게 펴 바른다.

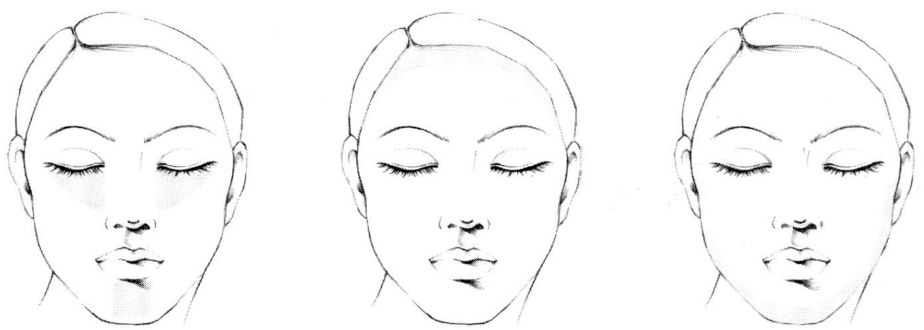

▮그림 1-21▮ Y-Zone ▮그림 1-22▮ Hair Line-Zone ▮그림 1-23▮ Face Line-Zone

4. 컨실러 Concealer

완벽한 피부표현을 위해 본인의 결점을 파악하고 커버하여 자신감 있는 메이크업을 완성한다. 이를 위해 컨실러를 활용하여 잡티나 다크써클을 커버하여 화사하고 자연스러운 피부를 만들어 주는 것이 무엇보다 중요하다.

1) 기능

- 다크써클이나 기미, 주근깨, 여드름 자국, 잡티 등의 결점을 커버한다.

2) 화장품 종류

- 리퀴드 타입 Liquid Type : 대부분 하이라이트나 눈 밑 다크써클을 커버할 때 사용하며, 가벼운 질감으로 파운데이션과 혼합하여 사용하기도 한다. 커버력이 낮다.

- **크림 타입 Cream Type** : 리퀴드 타입과 스틱타입의 중간 제형으로 커버력이 높으며 다소 뻑뻑한 질감을 가지고 있다. 자칫 두껍고 무거워 보일 수 있으므로 사용 시 주의해야한다.
- **스틱 타입 Stick Type** : 커버력이 우수하며 좁은 부위에 사용한다.
- **펜슬 타입 Pencil Type** : 보조 도구가 없이 사용이 가능하며 휴대가 간편하다. 입술라인이나 주름 등을 커버하기 용이하다.

3) 컨실러 사용

(1) 결점 커버용

결점을 커버하고자 하는 부위의 피부색상과 동일한 색상을 사용하여 브러시나 손가락으로 얇게 두드리듯 그러데이션 한다. 또한 붉은 기나 여드름 자국은 그린, 바이올렛 색상의 컨실러를 이용하여 색을 중화시켜 준다.

(2) 다크써클용

한톤 밝은 색을 선택하되 핑크나 피치톤의 컨실러나 콜렉터(Corrector), 하이라이터(Highlighter)를 사용하여 눈 밑의 푸른 기를 커버한다. 이때 손가락이나 브러시를 이용하여 눈 밑으로 넓고 얇게 펴 발라야 건강하고 화사한 피부표현을 해줄 수 있다.

5. 파우더 Powder

파우더는 파운데이션과 컨실러의 효과를 오래 지속시켜 주는 역할을 하며 피지를 조절하여 보송보송한 피부를 표현한다.

1) 기능

- 외부 유해환경으로부터 피부를 보호한다.
- 파운데이션의 유분기를 제거하고 지속력을 높여준다.
- 땀과 피지분비로 인해 메이크업이 지워지는 것을 방지해 준다.

2) 화장품 종류

- **루즈 파우더 Lose Powder** : 분말 형으로 피부에 곱고 얇게 발라지며 자연스러운 피부표현에 적합하다.

- **프레스트 파우더 Pressed Powder** : 파우더를 용기에 담아 압축한 것으로 가루 날림이 적으며 양 조절이 용이하고 휴대가 간편하다.
- **피니쉬 파우더 Finish Powder** : 펄이 들어간 파우더로 메이크업 마무리 단계에서 사용하는 하이라이트용 제품으로 피부를 화사하게 표현해 준다.
- **컬러 파우더 Color Powder** : 투명, 화이트, 핑크, 옐로우, 그린, 바이올렛 등의 다양한 색상이 있으며 피부에 적합한 제품을 선택하여 사용한다.

색상	기능
투명 파우더	• 색상이 없는 파우더로 파운데이션 색상을 유지시켜주며 유분을 조절
화이트 파우더	• 흰색 파운데이션과 함께 사용하며 색상을 더욱 안정적으로 부각시키고 지속성을 높임 • 주로 시대 메이크업에 사용
옐로 파우더	• 어두운 피부나 태닝 한 피부에 적합하며 얼굴을 중화시켜 건강하고 활동적인 이미지를 연출
그린 파우더	• 붉은 기가 있는 피부를 중화시켜 주는 효과
바이올렛 파우더	• 노란 끼가 있는 피부나 칙칙해 보이는 피부를 중화시켜 화려한 이미지를 연출할 때 적합
핑크 파우더	• 창백한 얼굴에 혈색을 주어 화사한 분위기를 연출 • 주로 웨딩메이크업에 사용

3) 파우더 바르는 방법

도구	적용
퍼프	• 퍼프 2개를 맞대어 비벼서 파우더의 양을 조절하고 퍼프에 고르게 묻힌다. • 피지분비가 많은 곳을 중심으로 넓은 부위에서 시작하여 중심에서 바깥쪽으로 가볍게 누르며 펴 바른다. • 퍼프를 반으로 접어 작게 만들어 눈 밑, 콧방울 등 굴곡으로 닿지 않는 부위를 꼼꼼히 처리한다. • 팬 브러시를 이용하여 남은 잔여분을 제거한다.
브러시	• 파우더 브러시를 사용하여 티슈나 제품 뚜껑을 이용하여 양을 조절한다. • 얼굴의 넓은 부위부터 시작하여 중심에서부터 바깥쪽으로 둥글리며 발라준다. • 눈 밑이나 콧방울 등 굴곡으로 잘 닿지 않는 부위를 꼼꼼히 처리할 수 있다. • 팬 브러시로 잔여물을 털어낸다. • 소량의 파우더를 도포할 수 있어 자연스러운 피부표현이 가능하다.

▪ 화장품 유통기한

화장품은 보관방법이나 사용방법에 따라 다소 차이는 있지만 유통 기간을 잘 파악하여 피부를 보호해 주어야 한다. 이를 넘긴 화장품은 사용을 제한하며 기간이 지난 화장품을 사용할 경우 각종 대장균, 황색 포도상구균, 녹농균 등이 검출된 사례가 있어 주의가 필요하다.
대부분 파운데이션 2년, 컨실러 2년, 파우더 2년, 마스카라 3~6개월, 립스틱&립글로스 12~18개월, 립&아이펜슬 12~18개월, 아이섀도 2년, 선 블록 2년 정도의 유통기한을 가지고 있다.

1. 유통기한(유효기간)

'EXP. 15. 09. 2016'의 표기는 '2016년 9월15일까지 사용해야 한다'는 의미
EXP는 'Expiry Date'의 약자로 유통기한을 뜻한다.

2. 개봉 후 사용기한

보통 6M, 12M, 18M, 24M으로 표기되어 있으며, 6M은 개봉 후 6개월 내에 사용을 권장한다는 의미

1-5. 피부표현

1. 질감에 따른 피부표현

화장품에 따라 질감과 두께를 달리하여 콘셉트와 피부상태에 적합한 피부를 표현할 수 있다.

1) 매트 Matt

- 광택과 유분이 없는 피부로 파우더를 사용하여 깨끗하고 보송보송한 피부를 표현한다.
- 파우더의 다량사용으로 메이크업의 지속력을 높여준다.
- 펄 없는 메이크업베이스 + 펄 없는 파운데이션 + 펄 없는 파우더 + 무광 아이섀도 + 무광 블러셔 + 무광 립스틱

2) 글로시 Glossy

- 윤기와 광택이 있는 질감으로 건강한 피부를 표현한다.
- 펄 베이스나 펄 파운데이션 위에 파우더를 생략하여 윤기 있는 피부를 표현한다.
- 화려한 피부표현을 위해 펄 파우더나 글리터를 사용한다.
- 쉬머한 피부표현을 위해 오일이 함유된 제품을 사용한다.
- 펄 메이크업베이스 + 오일베이스 파운데이션 +펄 파우더 + 크림이나 펄 아이섀도 + 크림이나 펄 블러셔 + 유광 립스틱이나 립글로스

질감과 두께에 따른 피부표현

두께 \ 질감	글로시 Grossy	크리미, 실키 Creamy, Silky	매트 Matt
Light (Pure, Natural)	• 펄 메이크업베이스 + 리퀴드 펄 파운데이션 사용 • 약간 광택이 나면서 얇은 피부표현	• 펄 메이크업베이스 + 리퀴드 파운데이션 + (파우더 또는 펄 파우더) 사용 • 부드러운 피부의 느낌으로 가벼운 피부표현	• 메이크업 베이스 + 리퀴드 파운데이션 + 파우더 소량 사용 • 보송보송하고 얇은 피부 표현
Medium	• 펄 메이크업베이스 + 리퀴드 펄 파운데이션 사용 • 광택이 나면서 어느 정도 커버력 있는 피부표현	• 펄 메이크업베이스 + 리퀴드 파운데이션 + (파우더 또는 펄 파우더) 사용 • 도자기 같은 느낌으로 어느 정도 커버력 있는 피부표현	• 메이크업베이스 + 리퀴드 파운데이션 + 파우더 사용 • 보송보송하고 커버력있는 피부표현
Heavy	• 펄 베이스 + 리퀴드 또는 크림 펄 파운데이션 + (펄 파우더) 사용 • 매우 광택이 나면서 두꺼운 피부 표현		• 베이스 + 크림 파운데이션 + 파우더 다량 사용 • 매우 매트하고 커버력있는 두꺼운 피부표현 • 가장 지속력 있음

출처: 메이크업 아이콘

2. 하이라이트와 섀딩 표현

얼굴의 골격을 정확히 파악하여 음영감 있는 입체감을 줄 수 있다. 색의 명암 차이를 이용한 착시 현상으로 하이라이트와 섀딩을 주어 보다 또렷한 얼굴형을 표현한다.

1) 하이라이트 Highlight

얼굴의 입체감을 주기 위해 광대뼈 위, 눈 밑, 콧등 등의 T-zone, Y-zone 부위가 돌출될 수 있도록 모델의 피부톤보다 한톤 밝은 색상을 이용하여 하이라이트 한다.

2) 섀딩 Shading

노즈 섀도나 헤어라인, 페이스 라인 등에 섀딩을 부여하여 얼굴을 작게 보이게 하거나 입체감을 주는 방법으로 피부톤보다 한톤 어두운 색상을 이용한다. 헤어라인이나 페이스 라인의 경우 파우더를 이용하여 섀딩을 주거나 자연스러움을 주기위해 파운데이션의 잔여물로 목의 색상과 연결되도록 그러데이션 한다.

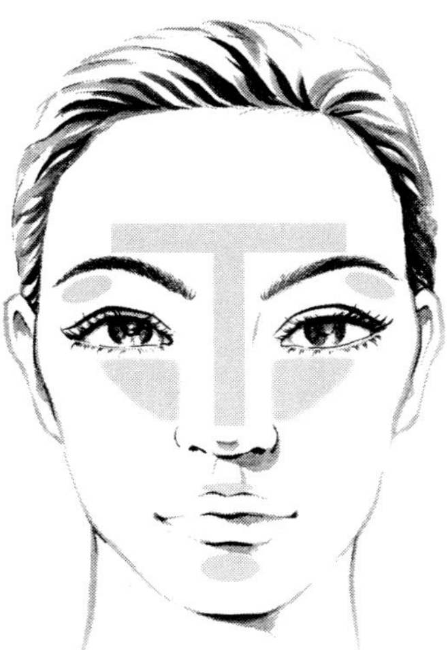

| 그림 1-24 | 하이라이트

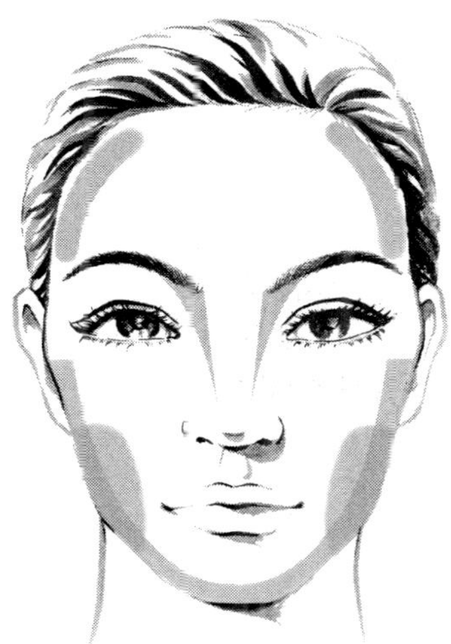

| 그림 1-25 | 섀딩

▶ 수행내용 1-1 / 피부 표현

자료

- 메이크업 기초 전공서적
- VOGUE, BAZAAR, ELLE 등 기타 국내외 패션 잡지

재료 및 도구 · 장비

- 파운데이션 스펀지, 파우더 퍼프, 브러시 세트, 스패튤라, 손 소독용 제품
- 메이크업베이스(색상별, 타입별), 파운데이션(색상별, 타입별), 파우더(색상별, 타입별)
- 거울이 포함된 작업대, 메이크업 의자

안전 • 유의 사항

- 메이크업을 하기 전에 메이크업 아티스트는 손을 세정하고 작업 환경을 청결히 한다.
- 제품의 위생을 고려하여 보관할 때 깨끗한 상태를 유지하고 작업 전 반드시 도구와 기구를 소독하며, 유효 기간이 있는 제품은 사전에 확인한다.
- 베이스 메이크업 재료에 따른 표현 방법을 알고 적합한 재료를 선택할 수 있어야 한다.

수행순서

- 주제 : 매트, 글로시한 피부 표현
- 파트너를 지정하여 상호 실기 (2인 1조)
- 모델 피부유형에 적합한 기초 메이크업 제품을 선택 도포 후 주제의 특징에 적합한 재료를 선택하여 시술

1. 모델의 피부 상태와 피부색을 진단한다.

2. 가장 어울리는 제형의 메이크업베이스를 선택한다.

3. 주제에 적합한 파운데이션의 제형과 모델의 피부톤에 어울리는 파운데이션을 선택한다.

4. 주제에 맞게 파우더를 사용하거나 생략한다.

5. 얼굴의 하이라이트와 섀딩 부위를 선택하여 표현한다.

6. 피부표현 완성 후 교수자에게 피드백을 받고 수정메이크업 한다.

7. 시술 사진촬영 후 프린트하거나 인화하여 매뉴얼 북에 누착한다

8. 주제에 적합한 잡지화보를 찾아 매뉴얼 북에 부착한다.

9. 시술과정을 정리하여 기록한다.

Matt	Glossy	시술과정
		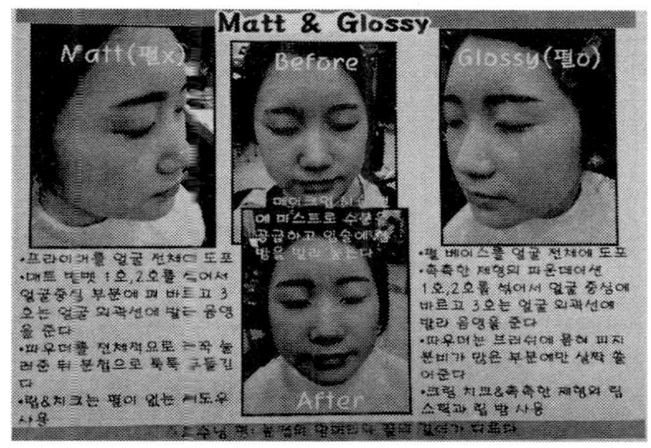

■ Matt 한 피부표현

<table>
<tr><th colspan="2">잡지화보 사진</th><th>시술 후 사진</th></tr>
<tr><td colspan="2">사진 부착</td><td>사진 부착</td></tr>
<tr><td>시술과정</td><td colspan="2"></td></tr>
<tr><td>피드백</td><td colspan="2"></td></tr>
</table>

■ Glossy 한 피부표현

잡지화보 사진	시술 후 사진
사진 부착	사진 부착

시술과정	
피드백	

1-6. 얼굴윤곽 수정메이크업

학습목표	• 베이스 메이크업은 피부 이미지 표현을 극대화하기 위하여 색조 메이크업 전 단계로 메이크업 베이스에서 파우더까지 실행할 수 있는 능력이다.
세부목표	① 얼굴 피부 유형, 피부 톤 상태에 따른 윤곽 수정 제품을 사용할 수 있다. ② 피부의 추가적인 결점 보완을 위한 제품을 선택할 수 있다.

1) 계란형 얼굴(Oval Face)

가장 이상적인 얼굴형으로 모든 얼굴의 윤곽수정 시 기준이 된다. 자연스럽게 얼굴의 입체감을 표현해 준다.

- **Highlighting & Shading** : T존, Y존 부위와 눈썹뼈, 입술산에 하이라이트를 주고 페이스라인과 헤어라인에 자연스럽게 섀딩을 표현한다.
- **Eyebrows** : 기본형이나 본인이 가지고 있는 눈썹형태를 최대한 살려 자연스럽게 마무리 한다.
- **Blusher** : 이미지를 고려하여 광대뼈를 감싸며 자연스럽게 그러데이션 한다.

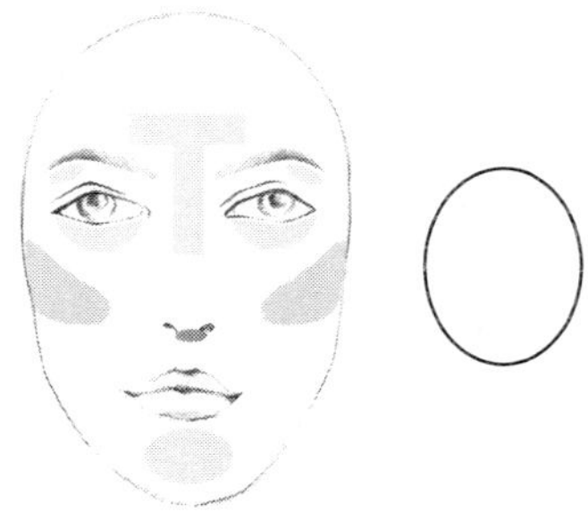

그림 1-26 달갈형(기본형) Oval Face

2) 둥근형 얼굴(Round Face)

동양인에게 많이 보여지는 스타일. 얼굴전체에 각이 없는 둥근형의 얼굴로 귀여운 이미지를 준다. 얼굴 길이가 다소 짧은 느낌이 들어 넓어 보인다.

- **Highlighting & Shading** : 눈썹뼈, 입술산, 턱, T존, Y존 부위는 세로로 길게 하이라이트를 준다. 얼굴 양쪽 측면에 전체적으로 섀딩을 주고 노즈 섀도하여 얼굴에 입체감을 표현한다.
- **Eyebrows** : 각진형, 화살형
- **Blusher** : 입 꼬리나 턱끝을 향하도록 폭이 넓지 않게 직선의 느낌으로 표현한다.

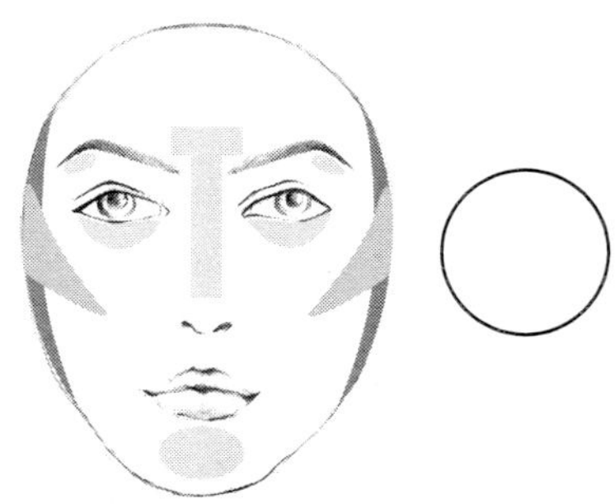

그림 1-27 둥근형 Round Face

3) 각진형 얼굴(Square Face)

아래턱뼈가 돌출되고 넓은 각진 형태로 남성적이고 강한 인상을 주며 이마가 짧고 폭이 넓어 평면적으로 보인다. 부드러운 곡선의 이미지가 없어 여성미를 보완하여 메이크업을 해주거나 각진 느낌을 살려 신뢰감 있고 활동적인 이미지를 줄 수도 있다.

- **Highlighting & Shading** : 눈썹뼈, 입술산, 턱, Y존, T존 부위는 세로로 길게 하이라이트를 주고 각진 턱과 이마 양 끝부분에 섀딩을 주어 얼굴이 갸름하게 보이도록 표현해 준다.
- **Eyebrows** : 아치형
- **Blusher** : 코끝을 향해 둥근 느낌으로 그려주거나 애플 존에 표현한다.

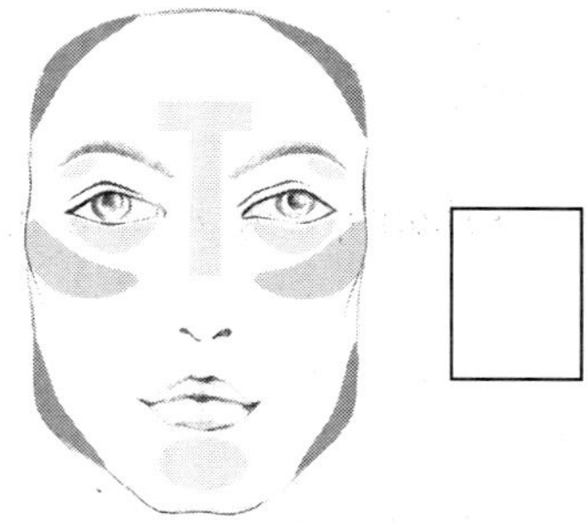

| 그림 1-28 | 각진형 Square Face

4) 역삼각형 얼굴(하트형 얼굴, Heart-Shaped Face)

이마가 넓고 턱이 뾰족한 얼굴형으로 세련되고 날카로운 이미지를 준다.

- **Highlighting & Shading** : Y존, 눈썹뼈, 턱, T존 부위에 하이라이트를 주되 가로선이 짧은 느낌으로 표현한다. 이마 양쪽 끝부분에 섀딩을 주어 폭이 좁아 브이도록 표현 해준다.
- **Eyebrows** : 부드러운 아치형
- **Blusher** : 광대뼈를 감싸듯이 가로 느낌으로 표현한다.

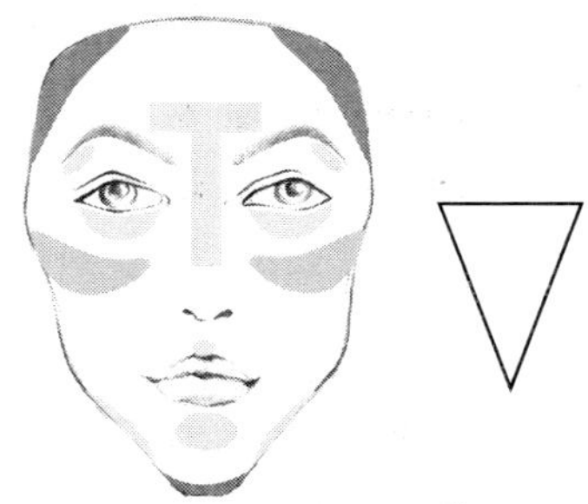

| 그림 1-29 | 역삼각형 Heart Face

5) 마름모형 얼굴(Diamond Face)

광대뼈가 발달된 얼굴로 이마와 턱이 상대적으로 좁아 보이는 다이아몬드 스타일로 강한 이미지를 준다.

- **Highlighting & Shading** : Y존, 눈썹뼈, 턱, T존 부위에 하이라이트를 주되 세로느낌이 들도록 표현하여 광대뼈가 강조되지 않도록 표현한다. 눈 옆쪽에 섀딩을 넣어주어 갸름한 얼굴형을 만든다.
- **Eyebrows** : 눈썹산이 조금 높은 아치형으로 얼굴 폭이 좁아 보이도록 표현한다.
- **Blusher** : 광대뼈를 감싸듯이 코끝을 향해 부드러운 느낌으로 표현한다.

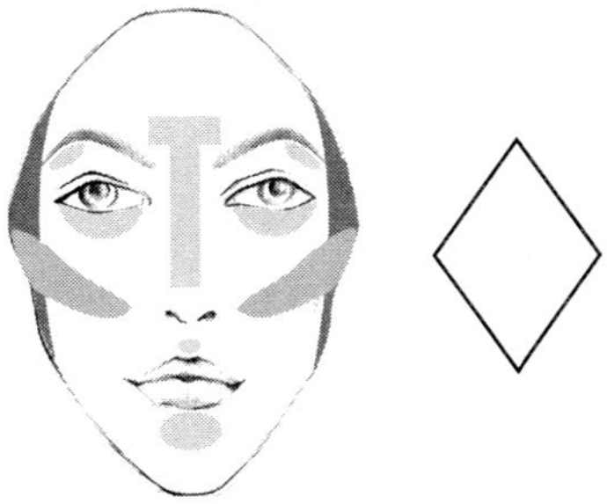

그림 1-30 마름모형 Diamond Face

6) 긴형 얼굴(Oblong Face)

얼굴전체의 길이가 긴 얼굴형태로 코가 긴 경우 얼굴이 길지 않아도 긴 형의 느낌을 가지며 다소 성숙한 이미지로 마른 얼굴에 주로 많이 보인다.

- **Highlighting & Shading** : 이마와 눈 밑, 턱은 가로 느낌으로 하이라이트 주고 헤어라인과 코끝, 턱 끝부분을 가로 느낌이 나도록 섀딩해 주어 길어 보이는 얼굴을 보완한다.
- **Eyebrows** : 일자형
- **Blusher** : 가로방향으로 넓게 펴 바른다.

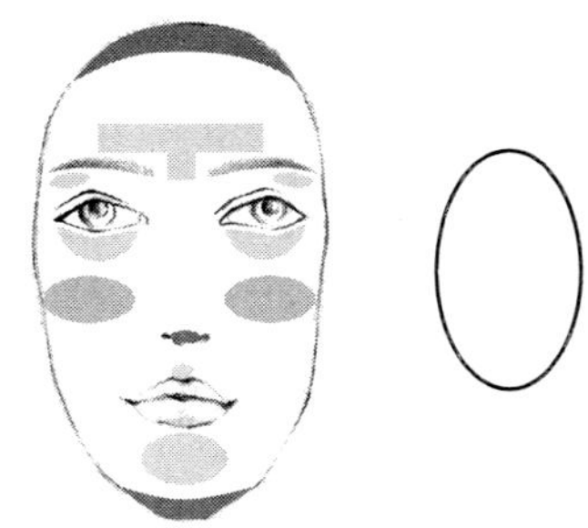

그림 1-31 긴형 Long Face

▸ 수행내용 1-2 / 얼굴윤곽 수정메이크업

재료·자료

- 에보니 펜슬, 지우개
- 아이섀도 팔레트, 브러시 세트, 미용티슈

수행순서

1. 얼굴형에 적합한 아이브로 그리기
2. 얼굴형에 적합한 하이라이트, 섀딩, 블러셔를 아이섀도를 이용하여 표현하기
   Highlighting : 블루컬러, Shading : 브라운컬러, Blusher : 핑크컬러

기본형 얼굴

각진형 얼굴

역삼각형 얼굴

둥근형 얼굴

다이아몬드형 얼굴

긴형 얼굴

학습1 평가

평가준거

- 평가자는 학습자가 학습 목표 및 평가 항목에 제시되어 있는 내용을 성공적으로 수행하였는지를 평가해야 한다.
- 평가자는 다음 사항을 평가해야 한다.

학습내용	평가 항목	성취수준		
		상	중	하
베이스 메이크업	• 얼굴의 피부색 및 피부 톤에 따른 베이스 제품을 구분할 수 있다.			
	• 베이스 제품의 질감, 발림, 밀착성 등을 고려하여 제품을 선택할 수 있다.			
	• 베이스 제품의 특성에 따른 표현 도구를 사용할 수 있다.			
	• 얼굴 피부 유형, 피부 톤 상태에 따른 윤곽 수정 제품을 사용할 수 있다.			
	• 피부의 추가적인 결점 보완을 위한 제품을 선택할 수 있다.			

평가준거

- 자료조사
- 포트폴리오(매뉴얼 북)
- 작업장평가

피드백

- 평가자 질문 종료 후 잘못된 부분을 수정하여 준다.
- 질문 내용을 다시 한 번 주지시켜 주고 주요내용을 정리해 준다.
- 잘못된 부분을 비교·관찰하여 수정할 수 있도록 하며 재학습할 수 있도록 한다.
- 평가결과가 낮은 학생은 재학습 후 재평가 한다.

학습1	베이스 메이크업(1201010316_14v3.1)
학습2	**아이브로 메이크업(1201010317_14v3.1)**
학습3	아이 메이크업(1201010317_14v3.2)
학습4	립&치크 메이크업(1201010317_14v3.3)
학습5	속눈썹 연출(1201010318_16v3)

2. 아이브로 메이크업 Eyebrows Makeup

학습목표	• 색조 메이크업은 고객의 얼굴 형태와 특성, 이미지 등과 조화를 이룰 수 있는 아이 브로, 아이, 립& 치크 메이크업을 실행할 수 있는 능력이다.
세부목표	① 눈썹형태, 얼굴형, 디자인 등에 따른 아이브로 이미지를 구분할 수 있다. ② 얼굴형태, 메이크업 디자인을 위한 눈썹을 정리할 수 있다. ③ 아이브로 이미지 표현을 위해 색상, 형태 등을 수정·보완 할 수 있다. ④ 메이크업디자인, 스타일 등에 따른 아이브로를 표현할 수 있다.

1. 도구 Tool

명칭	특징	이미지
아이브로 브러시 Eyebrow Brush	• 소재 : 탄력 있고 힘 있는 천연 합성모 • 형태 : 작고 납작한 사다리꼴 형태 • 활용 : 눈썹을 정교하게 그릴 때 사용	
스크루 브러시 Screw Brush	• 소재 : 탄력 있고 섬세한 합성모 • 형태 : 마스카라 솔과 비슷한 나선 형태 • 활용 : 눈썹의 형태를 잡거나 농도를 조절하기 위해사용	
아이래시 콤 Eyelash Comb	• 소재 : 플라스틱, 합성모 • 형태 : 일직선 형태의 미세한 빗살모양 • 활용 : 마스카라로 뭉친 속눈썹을 풀거나 눈썹의 길이를 정리할 때 사용	

눈썹수정 가위 Eyebrow Scissors	• 소재 : 스텐, 금속 • 활용 : 눈썹의 길이를 정리하거나 인조 속눈썹의 길이를 조정할 때 사용	
눈썹수정 칼 Eyebrow Razor	• 활용 : 눈썹을 다듬거나 코밑, 눈밑, 이마 등 솜털을 제거할 때 사용	

MAKE UP FOR EVER PROFESSIONAL - PARIS COLOR CHART SPRING - SUMMER, 2016

2. 아이브로 Eyebrows

1) 기능

- 얼굴의 첫인상을 결정하는데 중요한 역할을 한다.
- 얼굴형이나 눈매를 보완할 수 있다.
- 눈썹의 굵기, 형태, 색상으로 이미지를 변화시킬 수 있다.

2) 화장품 종류

- **아이브로 펜슬 Eyebrow Pencil** : 일반적으로 많이 사용하는 것으로 갈색, 회색, 회갈색, 블랙등의 색상이 있으며 간편하고 휴대하기 편하다. 눈썹의 빈곳을 채워주어 깔끔하고 선명한 표현이 가능하다.
- **브로 섀도 Brow Shadow** : 색상과 농도 조절이 가능하며 자연스러운 눈썹을 연출할 수 있다.
- **젤 아이브로 Gel Eyebrow** : 부드러운 제형으로 색상혼합이 자유로우며 자연스럽운 눈썹결과 눈썹색을 연출할 수 있다.
- **아이브로 마스카라 Eyebrow Mascara** : 일반 마스카라와 비슷한 질감과 형태로 눈썹의 결을 살려주거나 색상을 교체할 때 사용한다. 투명, 갈색, 회갈색 등 다양한 색상이 있다.
- **브로 틴트 Brow Tint** : 쉽게 지워지지 않으며 오래 지속되는 장점을 가지고 있다.

3) 눈썹 정리 방법

도구	용도
수정 가위 컷 Scissors Cut	가위를 사용하여 불필요한 눈썹을 자르거나 길이를 조절할 때 사용하며 눈썹 모가 난 반대방향으로 커트해 주어야 잘 잘린다.

블랜드 컷 Blend Cut	블랜드 브러시를 이용하여 눈썹 길이를 일정하게 자르는 방법
트위저 Tweezer	쪽집게를 사용하여 눈썹을 한 가닥씩 뽑는 방법으로 눈썹 방향으로 뽑아야 피부자극을 최소화 할 수 있다.
쉐이빙 Shaving	눈썹수정 칼을 사용하여 눈썹길이나 눈썹주변의 잔털을 정리하는 방법
왁싱 Waxing	눈썹전용 왁스를 이용하여 모근까지 제거하는 방법으로 지속력이 좋다.

4) 아이브로 표현방법

① 눈썹은 눈썹머리, 눈썹산, 눈썹꼬리로 나뉜다.
② 눈썹머리의 시작은 코끝과 콧방울 사이를 수직으로 올라가는 위치이며, 눈썹꼬리는 콧방울과 눈꼬리를 45도로 연결한 연장선상과 만나는 지점이다.
③ 눈썹의 길이는 눈길이보다 짧지 않아야하며 눈썹머리는 눈썹꼬리보다 처지지 않게 그린다.
④ 눈썹이 난 방향에 따라 빈곳을 채워주며 자연스럽게 눈썹의 형태를 만들어 준다.
⑤ 눈썹 머리는 자연스럽게 그려주며 눈썹꼬리로 갈수록 짙어지도록 그러데이션 한다.
⑥ 눈썹 색상은 헤어 색상에 맞추어 선택하는 것이 적당하다.

그림 4-1 눈썹의 균형도와 명칭

※ 눈썹 그리는 순서

얼굴형 파악하기 → 눈썹 위치 확인하기 → 초안 그리기 → 눈썹 정리하기(도구 이용) → 눈썹 그리기(브러시, 펜슬 사용) → 아이브로 마스카라하기 → 마무리하기

3. 아이브로 형태

형태	특징	이미지
기본형	• 가장 일반적으로 어느 얼굴형이든 잘 어울리는 형태	
각진형	• 단정하고 세련된 이미지 표현 • 둥근 얼굴이나 이마가 넓은 얼굴에 적당	
아치형	• 눈썹 산이 둥근 형태로 여성스러운 이미지 • 이마가 넓은 얼굴이나 각진 얼굴, 역삼각형 얼굴에 적당	
일자형	• 모던하고 개성이 돋보이는 이미지 • 긴 얼굴에 적당	
화살형	• 동적이고 강한 이미지 • 둥근 얼굴에 적당	

4. 아이브로 이미지

(1) 다양한 눈썹 형태에 따른 이미지

종류		이미지
굵기	굵은 눈썹	활동적, 남성적, 야성적, 건강미
	가는 눈썹	고전적, 동양적, 온화, 여성스러움
색상	짙은 눈썹	강함, 정열, 발랄, 젊음
	옅은 눈썹	자연스러움, 부드러움, 여성스러움
길이	긴 눈썹	정적, 성숙함, 안정감
	짧은 눈썹	동적, 활동적, 귀여움, 젊음

(2) 눈썹 색상에 따른 이미지

색상		이미지
	흑색	개성이 강한 이미지
	회색	차분하고 세련된 이미지
	갈색	부드러운 이미지
	회갈색	부드럽고 차분한 이미지

▪ 아이브로 왁싱

① 눈썹전용 왁스를 준비한다.
② 모델의 얼굴형에 맞게 눈썹 디자인을 한다.
③ 정리할 부분을 깨끗히 클렌징해 주고 건조한 상태를 유지한다.
④ 왁스 점도와 온도를 체크한 후 손목에 알레르기 테스트를 한다.
⑤ 눈썹정리 할 부분에 눈썹왁스를 발라준다.
⑥ 왁스가 굳으면 떼어내고 스킨케어(진정보습제품)로 마무리한다.

▪ 아이브로 염색

① 염색약을 준비(활성제 1/4티스푼, 탈색크림 1/2티스푼을 믹싱)한다.
② 눈썹을 클렌징한 후 건조시킨다.
③ 염색약을 바르고 8-10분 후 스패튤라를 이용하여 제거한다.
④ 차가운 물로 씻어 마무리한다.
* 내용물을 팔이나 다리에 알레르기 테스트를 한 후 사용해야하며 왁싱과 면도 등을 했다면 24시간이 후에 사용할 것을 권장한다.

▶ 수행내용 2-1 / 아이브로 형태

재료 · 자료

- 에보니 펜슬, 지우개

수행순서

1. 눈썹 앞머리는 옅고 눈꼬리로 갈수록 짙어지도록 그러데이션 한다.
2. 눈썹꼬리가 앞머리보다 처지지 않도록 한다.
3. 눈썹산은 눈길이의 2/3지점에 오도록 한다.
4. 눈썹은 좌우 대칭이 되도록 표현한다.

◆ 에보니 펜슬을 이용하여 다양한 눈썹모양 그리기

1. 기본형

2. 각진형

3. 아치형

4. 일자형

5. 화살형

▶ 수행내용 2-2 / 아이브로 형태 찾기

재료·자료

- 각종 잡지, 가위, 풀

수행순서

1. 각각의 눈썹형태(각진형, 아치형, 일자형, 화살형)를 잡지에서 찾기
2. 주제에 맞는 눈썹 붙이고 피드백 받기

각진형	아치형
일자형	**화살형**

▶ 수행내용 2-3 / 아이브로 메이크업하기

재료 · 자료

- 화장솜, 면봉, 티슈, 손 소독제
- 에보니펜슬, 아이브로펜슬, 아이섀도, 눈썹가위, 트위저, 눈썹 칼, 아이브로 브러시, 스크루 브러시, 아이래시 콤
- 거울이 포함된 작업대, 메이크업 의자

안전 · 유의 사항

- 메이크업을 하기 전에 메이크업 아티스트는 손을 세정하고 작업 환경을 청결히 한다.
- 제품의 위생을 고려하여 보관할 때 깨끗한 상태를 유지하고 작업 전 반드시 도구와 기구를 소독하며, 유효 기간이 있는 제품은 사전에 확인한다.

수행순서

1. 모델의 얼굴형 파악하기

모델의 얼굴형과 이미지를 고려하여 아이브로 형태를 디자인한다.

2. 아이브로 앞머리와 꼬리 길이 정하기

아이브로 머리는 코끝과 콧방울 사이를 수직으로 올라가는 위치0 며, 눈썹꼬리는 콧방울과 눈꼬리를 45도로 연결한 연장선상과 만나는 지점이다.

3. 아이브로 초안그리기

눈썹을 정리하기 전 눈썹초안(에보니 펜슬)을 그려 자칫 잘못 자를 수 있는 부분을 최소화한다.

4. 아이브로 수정 및 정리하기

눈썹가위를 이용하여 가이드라인에서 벗어난 부분을 정리해 준다. 눈두덩이의 잔털들은 눈썹칼(트위져)을 이용하여 눈썹결과 반대방향으로 밀어준다. 스크루 브러시로 눈썹 결을 다시 정리하고 팬 브러시로 떨어진 눈썹들을 털어준다.

5. 아이브로 색상 정하기

스크루 브러시를 이용하여 눈썹 결을 정돈한 후 헤어색상과 톤을 맞추어 아이브로 색상을 선택한다.

6. 아이브로 그리기

아래 선으로 먼저 형태를 잡아주어야 그리기 편하며 얼굴크기에 맞게 눈썹두께를 정해 그러데이션

해 준다. 눈썹산은 아이브로 길이의 2/3 지점에 오도록 하며 눈의 길이보다 짧지 않게 주의하여 그린다.

7. 아이브로 앞머리 자연스럽게 그러데이션 하기

앞머리가 없는 경우 한 올 한 올 자연스럽게 그려준다.

8. 아이브로 좌우 맞추고 수정·보완하기

모델의 뒤에서 거울을 통해 눈썹의 좌우를 맞추고 수정·보완하여 마무리 한다.

9. 아이브로 마스카라 하기

헤어색상과 톤을 맞추어 아이브로 마스카라로 눈썹 결을 살려주고 색상을 바꾸어 준다. 아이브로 마스카라는 모델의 취향에 따라 사용하지 않을 수도 있다.

샘플

Eyebrows Makeup 1

사진	→	사진
Before		After

실습 내용	

Eyebrows Makeup 2

사진	→	사진
Before		After

실습 내용	

Eyebrows Makeup 3

사진	→	사진
Before		After

실습 내용	

학습2 평가

평가준거

• 평가자는 학습자가 학습 목표 및 평가 항목에 제시되어 있는 내용을 성공적으로 수행하였는지를 평가해야 한다.
• 평가자는 다음 사항을 평가해야 한다.

학습내용	평가 항목	성취수준		
		상	중	하
아이브로 메이크업	• 눈썹형태, 얼굴형, 디자인 등에 따른 아이브로 이미지를 구분할 수 있다.			
	• 얼굴형태, 메이크업 디자인을 위한 눈썹을 정리할 수 있다.			
	• 아이브로 이미지 표현을 위해 색상, 형태 등을 수정·보완 할 수 있다.			
	• 메이크업디자인, 스타일 등에 따른 아이브로를 표현할 수 있다.			

평가준거

• 자료조사
• 포트폴리오(매뉴얼 북)
• 작업장평가

피드백

• 평가자 질문 종료 후 잘못된 부분을 수정하여 준다.
• 질문 내용을 다시 한 번 주지시켜 주고 주요내용을 정리해 준다.
• 잘못된 부분을 비교·관찰하여 수정할 수 있도록 하며 재학습할 수 있도록 한다.
• 평가결과가 낮은 학생은 재학습 후 재평가 한다.

학습1	베이스 메이크업(1201010316_16v3)
학습2	아이브로 메이크업(1201010317_14v3.1)
학습3	**아이 메이크업(1201010317_14v3.2)**
학습4	립&치크 메이크업(1201010317_14v3.3)
학습5	속눈썹 연출(1201010318_16v3)

학습목표 • 색조 메이크업은 고객의 얼굴 형태와 특성, 이미지 등과 조화를 이룰 수 있는 아이브로, 아이, 립&치크 메이크업을 실행할 수 있는 능력이다.

세부목표
① 재료의 특성에 따른 질감, 발색, 밀착성, 발림성 등을 구분·선택할 수 있다.
② 눈의 형태, 결점보완을 위한 아이섀도를 사용할 수 있다.
③ 메이크업 디자인에 적합한 눈매를 표현할 수 있다.
④ 눈의 형태, 눈동자, 모발 및 눈썹 등을 고려하여 아이라인을 표현할 수 있다.
⑤ 속눈썹 상태, 메이크업 디자인에 적합한 마스카라 제품을 사용할 수 있다.

MAC

3. 아이 메이크업 Eye Makeup

1. 도구 Tool

명칭	특징	이미지
아이섀도 브러시 Eyeshadow Brush	• 소재 : 부드럽고 힘 있는 천연모(족제비털, 청솔모, 말털) • 형태 : 끝으로 갈수록 모가 둥글게 모아지는 형태, 납작하고 네모난 형태, 사선으로 도톰한 형태 등 다양한 크기와 형태가 있음 • 활용 : 아이섀도를 선명하고 자연스럽게 펴 바를 때 사용	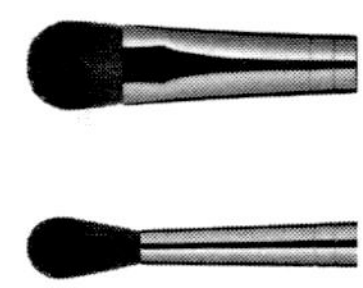
스펀지 브러시 Sponge Brush	• 소재 : 부드러운 면 • 형태 : 타원형의 스몰 사이즈 형태 • 활용 : 펄 섀도의 발색을 높여주거나 글리터, 펄 파우더 제품을 밀착시켜줄 때 사용	
아이라이너 브러시 Eyeliner Brush	• 소재 : 탄력 있는 합성모 • 형태 : 납작한 형태의 짧고 탄력 있는 일자형이거나 끝이 가는 형태 • 활용 : 섬세한 아이라인을 그릴 때 사용	
아이래시컬러 Eyelash Curler	• 소재 : 스텐, 금속류, 플라스틱 • 활용 : 직모의 속눈썹 컬을 자연스럽게 만들 때 사용	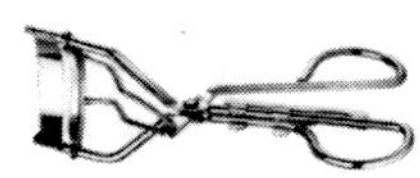
트위저 Tweezers	• 소재 : 스텐, 금속류 • 활용 : 눈썹을 뽑거나 인조 속눈썹을 붙일 때 사용	
면봉 Swab	• 소재 : 부드러운 면 • 활용 : 아이섀도나 아이라인 등을 수정할 때 사용	

MAKE UP FOR EVER PROFESSIONAL - PARIS COLOR CHART SPRING - SUMMER, 2016

2. 아이섀도 Eyeshadow

1) 기능

- 눈꺼풀에 색상을 부여하여 이미지를 표현해 준다.
- 색상으로 음영을 주어 입체감을 강조한다.
- 눈매수정의 효과를 준다.

2) 화장품 종류

- **파우더 아이섀도 Powder Eyeshadow** : 가루를 압축시켜 만든 대중적인 제품으로 색상이 다양하고 색상 혼합과 그러데이션이 용이하다. 펄 제품과 펄이 없는 매트한 제품이 있다.
- **크림 아이섀도 Cream Eyeshadow** : 크림타입으로 발색력이 뛰어나고 선명하며 그러데이션이 용이하나 잘 뭉치고 얼룩지기 쉽다. 지속력을 위해서는 파우더 아이섀도를 덧발라 고정시켜 준다. 또한 립과 블러셔로도 혼용가능하며 손가락으로 빠르고 쉽게 사용할 수 있다.
- **펜슬 아이섀도 Pencil Eyeshadow** : 사용하기 편리하며 휴대가 간편하다. 색상이 선명하고 선적인 표현이나 포인트 메이크업에 용이하며 유분이 많아 잘 번진다.
- **피그먼트 Pigment** : 가루타입으로 색상이 선명하며 발색력이 우수하다. 사용 시 가루날림이 있어 잘 번지므로 주의해야 하며 색상이 다양하지 않다.

> **▪ 아이 베이스 Eye Base**
> 아이 섀도 색상의 지속력과 발색력을 극대화 시켜주는 제품으로 아이 메이크업이 잘 표현될 수 있도록 피부상태를 매끄럽고 고르게 정돈시켜주며 피지를 조절해 준다.

3) 눈의 명칭

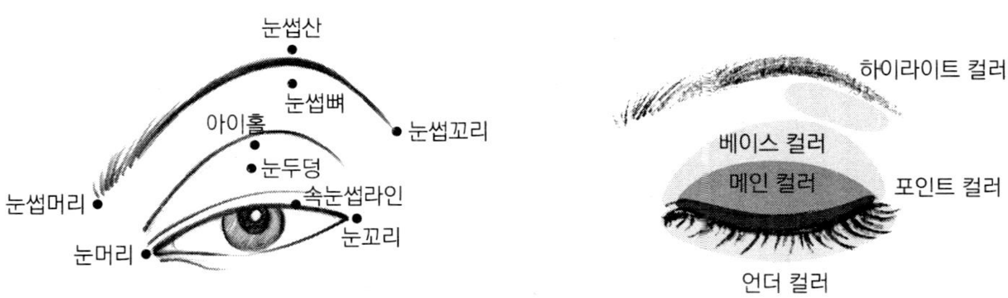

| 그림 3-1 | 눈의 명칭과 아이섀도 표현단계

4) 아이섀도 표현단계

- **베이스 컬러 Base Color** : 표현하고자 하는 색상 톤에서 가장 밝은 색상으로 메인 컬러가 잘 보이도록 눈두덩 전체에 펴 바른다.
- **메인 컬러 Main Color** : 음영을 주고자 하는 부분에 칠하며 베이스 컬러보다는 진하고 포인트 컬러보다는 옅은 중간 색상을 일컫는다. 일반적으로 의상, 시간, 장소에 맞는 색상을 선택하며 홀까지 표현해준다.
- **포인트 컬러, 악센트 컬러 Point Color, Accent Color** : 눈매를 강조하거나 깊이감을 줄 때 사용하는 색상으로 아이섀도 중 가장 짙고 선명한 색상이다. 주로 쌍꺼풀 라인 쪽이나 눈꼬리 부분에 사용한다.
- **하이라이트 컬러 Highlight Color** : 입체감을 주기 위해 사용하는 색상으로 가장 돌출되어 있는 눈썹 뼈 부위나 눈두덩 중앙 부위에 사용한다. 아이보리나 밝은 색상의 펄 제품을 주로 사용한다.
- **언더 컬러 Under Color** : 눈 밑에 포인트 컬러와 연결하여 선적인 느낌으로 사용하며, 균형감과 안정감을 준다. 콘셉트에 따라 전체 또는 2/3지점까지 칠해 주거나 칠해 주지 않을 수도 있다.

5) 아이섀도 패턴

- **수평 그러데이션** : 아이라인부터 수평으로 아이 홀까지 그러데이션 하는 일반적인 패턴으로 아이라인으로 갈수록 점점 진해지는 패턴형태이다.
- **수직 그러데이션** : 세로로 분할하여 그러데이션 하는 방법으로 주로 눈두덩 가운데에 하이라이트를 주어 입체감 있는 눈매를 만들 때 사용한다.

그림 3-2 수직·수평 그러데이션

▪ **아이 홀**

① **안쪽 아이 홀** : 아이 홀 안쪽으로 그러데이션을 해 주는 형태로 눈의 입체감을 강조한다. 주로 서양인들 눈의 형태에 적합하며 동양인의 경우 홀을 너무 높게 잡지 말고 눈썹 뼈 부분에 하이라이트를 해준다.

② **바깥쪽 아이 홀** : 아이 홀 바깥으로 그러데이션 하는 형태로 아이라인 펜슬로 홀을 잡은 뒤 아이섀도를 칠한다. 홀 안쪽으로는 밝은 색상으로 하이라이트를 주어 입체감 있고 깊이 있는 눈을 표현한다. 눈이 커 보이는 효과가 있어 주로 무대 메이크업에 적합하다.

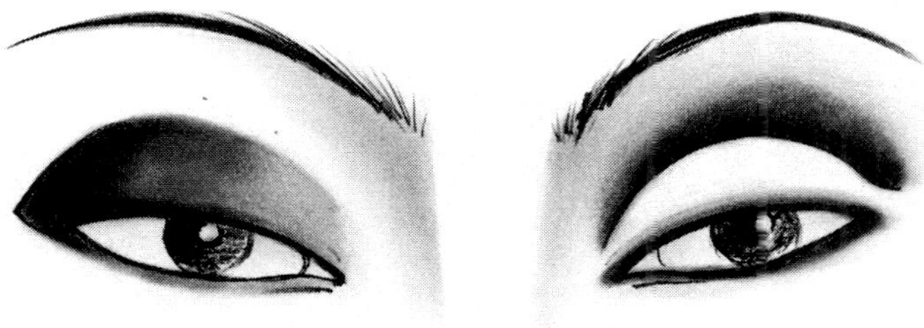

그림 3-3 **안쪽 아이홀, 바깥쪽 아이홀**

▶ 수행내용 3-1 / 아이섀도 패턴에 따른 기법

재료 및 도구 · 장비

- 미용티슈, 면봉, 손 소독용 제품
- 스펀지, 아이래시컬러, 브러시 세트
- 아이 베이스, 아이섀도 세트(종류별, 색상별), 아이라이너, 마스카라
- 거울이 포함된 작업대, 메이크업 의자

안전 · 유의 사항

- 메이크업을 하기 전에 메이크업 아티스트는 손을 세정하고 작업 환경을 청결히 한다.
- 제품의 위생을 고려하여 보관할 때 깨끗한 상태를 유지하고 작업 전 반드시 도구와 기구를 소독하며, 유효 기간이 있는 제품은 사전에 확인한다.
- 아이 메이크업 재료에 따른 표현 방법을 알고 적합한 재료를 선택할 수 있어야 한다.

수행순서

- 주제 : 아이섀도 패턴- 수평 그러데이션, 수직 그러데이션, 안쪽 아이 홀, 바깥쪽 아이 홀
- 파트너를 지정하여 상호 실기 (2인 1조)
- 기초 메이크업 제품 도포 완료 후 아이섀도 패턴의 특징에 적합한 재료를 선택하여 시술

1. 모델시술 전 패턴지에 다양한 아이섀도기법을 익힌다.
2. 모델에게 아이래시컬러를 사용하여 속눈썹을 자연스럽게 올려 준다.
3. 모델에게 아이 베이스 메이크업을 시술한다.
4. 모델에게 어울리는 아이섀도 색상과 제형을 선택한다.
5. 아이섀도 패턴을 각각 숙지하여 시술해 준다.
6. 거울을 보고 좌우 아이섀도 패턴을 맞춰준다.
7. 모델의 눈 모양에 어울리는 아이라인과 마스카라로 마무리한다.

◆ 아이섀도를 사용하여 다양한 패턴 기법을 익혀본다.

수평 그러데이션	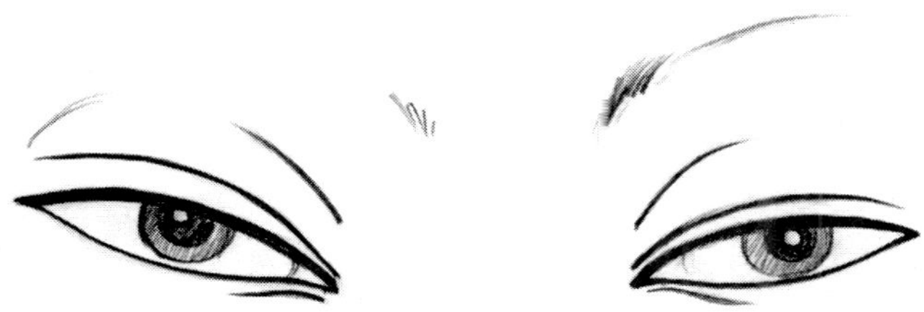
수직 그러데이션	
안쪽 아이 홀	
바깥쪽 아이 홀	

3. 아이라이너 Eyeliner

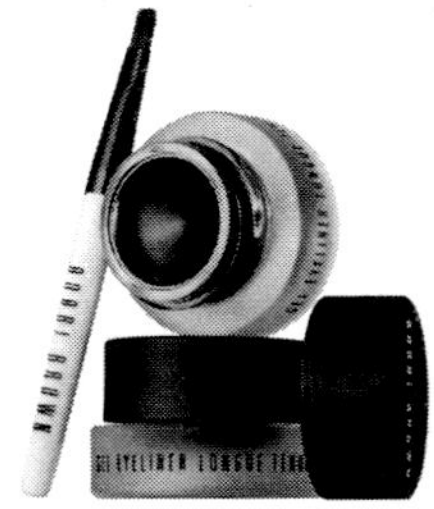

| 그림 3-4 | 젤 아이라이너

1) 기능

- 눈매를 선명하고 또렷하게 만들어 준다.
- 눈의 모양을 수정·보완한다.

2) 화장품 종류

- **펜슬 아이라이너 Pencil Eyeliner** : 초보자도 쉽게 사용할 수 있으며 그러데이션이 용이하여 자연스러운 눈매를 연출할 수 있다. 다양한 색상이 있으며 일반적으로 덜 번지는 타입의 아이라이너와 강한 발색력과 그러데이션이 가능한 스모키 메이크업에 적합한 소프트한 질감의 콜 펜슬(Kohl Pencil)이 있다. 또한 워터 프루프 타입의 아쿠아 라이너 펜슬(Aqua Liner Pencil)은 눈 밑 번짐이 없어 여름철에 주로 사용된다.
- **리퀴드 아이라이너 Liquid Eyeliner** : 번짐이 없고 지속력이 뛰어나며 색상이 선명하다. 조명에 의해 반사되어 광택이 생기므로 자연스러운 메이크업에 적당하지 않다.
- **케이크 아이라이너 Cake Eyeliner** : 물이나 스킨을 섞어서 사용하며 리퀴드 타입과 펜슬타입의 중간 정도의 지속력을 가지고 있으며 자연스러운 눈매연출이 가능하다.
- **젤 아이라이너 Gel Eyeliner** : 크림타입으로 케이크 아이라이너보다 사용이 간편하지만 쉽게 굳는 단점이 있어 사용 후 반드시 뚜껑을 닫아 보관해야 한다.

3) 아이라인 표현방법

① 모델의 눈을 아래로 보게 한다.

② 아이라인을 따라 속눈썹 사이사이를 메우면서 그리되 한 번에 그리지 말고 점을 찍듯이 그려준다.

③ 쌍꺼풀이 있는 눈의 경우 점막이 보이지 않도록 그려야 눈이 크고 또렷해 보인다.

④ 눈을 감고 눈 모양에 따라 아이라인을 그리다가 눈꼬리 부분은 눈을 뜨고 눈매를 만들어 준 후 다시 눈을 감고 마무리한다.

⑤ 아이라이너 사용 시 자연스러운 눈매 연출과 지속력을 높여 주기 위해서는 아이라인 위에 아이섀도를 덧발라 그러데이션을 해주어야 그윽한 눈매를 연출할 수 있다.

⑥ 아이섀도 가루가 떨어지거나 아이라이너, 마스카라가 번져 수정할 때는 마를 때까지 기다렸다가 면봉으로 닦아내거나 면봉에 리퀴드 파운데이션을 충분히 묻혀 닦아내어야 깨끗하게 수정할 수 있다.

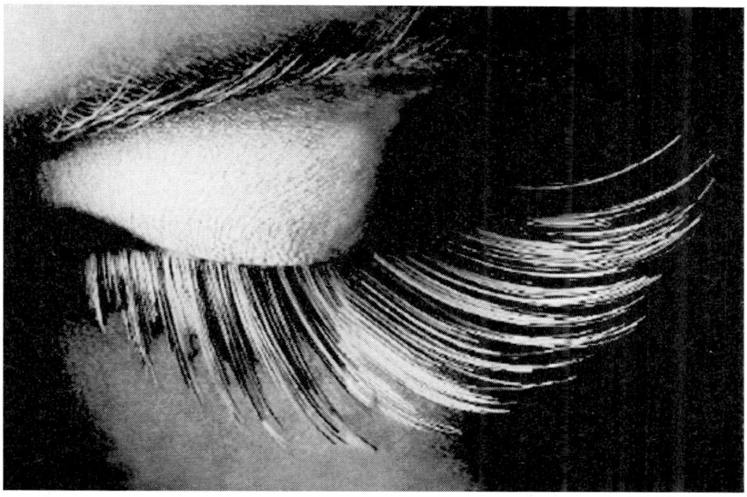

Italia Vogue

4. 마스카라 Mascara

1) 기능

- 속눈썹을 풍성하고 길게 표현하여 눈매를 또렷하고 선명하게 만든다.
- 눈매에 깊이감을 주어 눈이 커 보이며 입체감을 표현해준다.
- 속눈썹의 컬을 고정시켜 준다.

2) 화장품 종류

- **컬링 마스카라 Curling Mascara** : 브러시가 길고 촘촘하여 속눈썹을 자연스럽게 말아 올려주어 선명한 속눈썹을 연출한다.
- **볼륨 마스카라 Volume Mascara** : 속눈썹의 숱을 풍성하게 만들어주며 가늘고 힘없는 속눈썹은 두껍고 탄력있게 만든다. 솔이 크고 둥근 형태로 되어있어 발림성이 좋다.
- **롱래시 마스카라 Longlash Mascara** : 섬유질이나 실리콘 혼합물, 식물성 왁스 등을 이용하여 짧은 속눈썹을 길고 풍성하게 보이도록 표현해준다.
- **컬러 마스카라 Color Mascara** : 다양한 색상의 마스카라로 브라운, 골드, 블루, 바이올렛, 와인 컬러 등 다양한 색상이 있으며 같은 색상의 아이라인과 사용하면 눈의 컬러를 강조할 수 있다.
- **워터 프루프 마스카라 Waterproof Mascara** : 수분에 강한 제품으로 잘 지워지지 않고 지속력이 좋은 제품으로 여름철에 효과적이며 마스카라를 지울 때는 전용 리무버를 사용한다.

- **베이스 마스카라 Base Mascara** : 영양·보습 성분이 함유되어있어 마스카라 전에 주로 사용하며 마스카라의 밀착력과 지속력을 높여주는데 효과적이다.

3) 마스카라 표현방법

① 모델의 얼굴은 정면을 향하고 시선은 본인의 무릎을 향하도록 한다.
② 아이래시컬러를 사용하여 속눈썹 뿌리, 중간, 끝의 순으로 여러 번 나누어 집어주어 컬을 만든다.
③ 콘셉트에 맞는 마스카라를 선택하여 모델의 시선이 아래로 향한 상태에서 눈썹 뿌리 쪽에서부터 밖으로 향하도록 말아 올리듯 속눈썹 아래쪽에서 좌우로, 위쪽에서 좌우로 여러 번 발라준다.
④ 마스카라 액을 너무 많이 바르면 컬이 잘 표현되지 않으므로 얇게 여러 번 덧발라준다.
⑤ 눈 밑 속눈썹은 마스카라를 길게 모로 세워서 바른다.
⑥ 마스카라가 눈 주변에 묻었을 경우 바로 제거하지 말고 마르기를 기다렸다가 면봉으로 지운다.

5. 눈 형태에 따른 수정메이크업

1) 작은 눈

- **아이섀도** : 밝은 색상으로 베이스 컬러를 칠하고 짙은 색상으로 포인트 컬러를 눈 뒤쪽으로 수평이 되도록 길게 펴 바른다.
- **아이라인** : 눈 앞머리부터 시작하여 본인의 눈길이보다 조금 길게 그려준다. 언더에도 아이라인을 그려주어야 눈이 커 보인다. 귀여운 느낌을 주려면 중앙부분을 두껍게 그려준다.
- **인조 속눈썹** : 눈 중앙이나 꼬리 쪽을 강조하여 붙여주며 마스카라를 위아래로 충분히 발라준다.

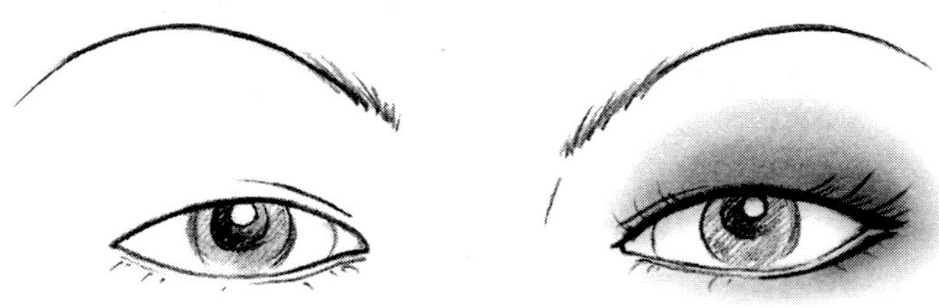

▮그림 3-5▮ 작은 눈

2) 눈이 크고 돌출된 눈

- **아이섀도** : 자칫 부어 보일 수 있으므로 너무 밝고 붉은 색상이나 펄이 들어간 아이섀도는 피하는 것이 좋으며 차분한 브라운 색상이 적당하다.
- **아이라인** : 속눈썹 사이사이를 채우듯이 얇게 그리거나 생략해도 좋다.
- **인조 속눈썹** : 자연스러운 느낌이 나도록 브라운 계열의 마스카라를 칠하는 것이 좋으며 인조속눈썹은 생략하는 것이 좋다.

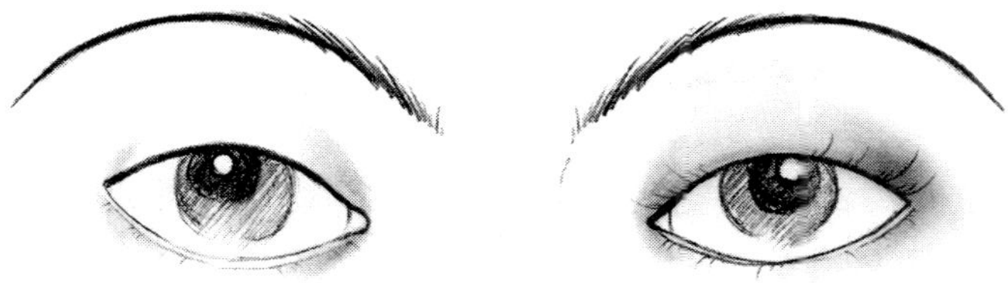

▮ 그림 3-6 ▮ 크고 돌출된 눈

3) 눈꼬리가 올라간 눈

- **아이섀도** : 포인트 컬러를 앞머리와 눈꼬리가 수평이 되도록 바르고 눈꼬리 밑 언더섀도를 강조하여 넓게 펴 바른다.
- **아이라인** : 앞머리 부분을 조금 두껍게 그리고 꼬리부분을 얇게 그려준다.
- **인조 속눈썹** : 생략하는 것이 좋으나 부착 시에는 너무 길지 않은 것으로 일정하게 부착한다.

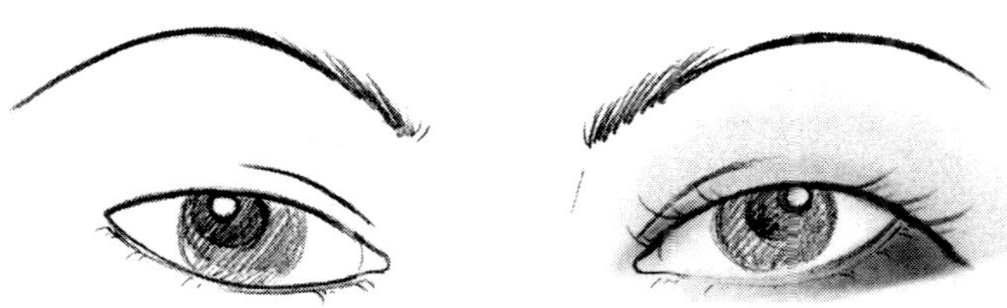

▮ 그림 3-7 ▮ 눈꼬리가 올라간 눈

4) 눈꼬리가 쳐진 눈

- **아이섀도** : 포인트 컬러를 눈꼬리 쪽을 향하여 위로 끌어 올리듯 펴 발라준다. 언더섀도는 진하지 않은 색상으로 자연스럽게 마무리한다.
- **아이라인** : 앞머리 부분은 가늘게 그리고 눈꼬리의 1/3지점부터 위로 끌어 올리듯 그려준다. 이때 눈 모양에 맞춰 눈을 뜬 상태에서 눈 모양을 만들어준다.
- **인조 속눈썹** : 수정된 아이라인에 맞추어 위로 올려붙여 준다.

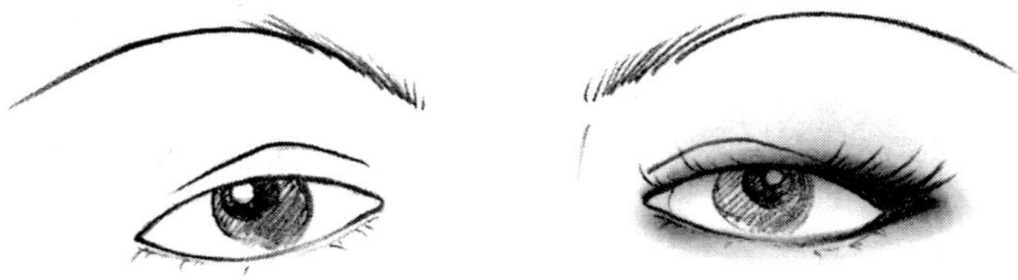

그림 3-8 눈꼬리가 쳐진 눈

5) 눈과 눈 사이가 먼 눈

- **아이섀도** : 또렷하지 못한 인상으로 눈앞머리에서 노즈 섀도를 연결하여 안쪽으로 포인트를 주어 그러데이션 해준다.
- **아이라인** : 수평의 느낌으로 또렷하게 그려준다.
- **인조 속눈썹** : 일정한 길이와 간격으로 붙여주되 눈꼬리 부분이 길지 않게 표현한다.

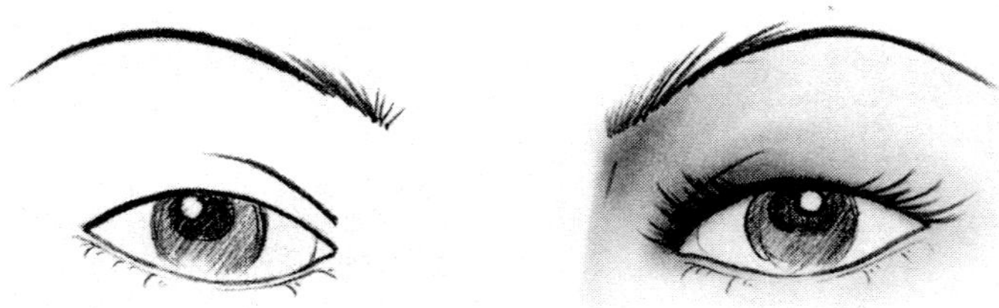

그림 3-9 눈과 눈 사이가 먼 눈

6) 눈과 눈 사이가 좁은 눈

- **아이섀도** : 눈앞머리 쪽은 밝은 색상으로 표현하고 눈꼬리 쪽으로 갈수록 어두운 색상으로 포인트를 준다.
- **아이라인** : 앞머리 쪽은 얇게 그리고 뒤로 갈수록 진하고 또렷하게 표현한다.
- **인조 속눈썹** : 눈꼬리 쪽이 길어지도록 뒤를 강조하여 부착해준다.

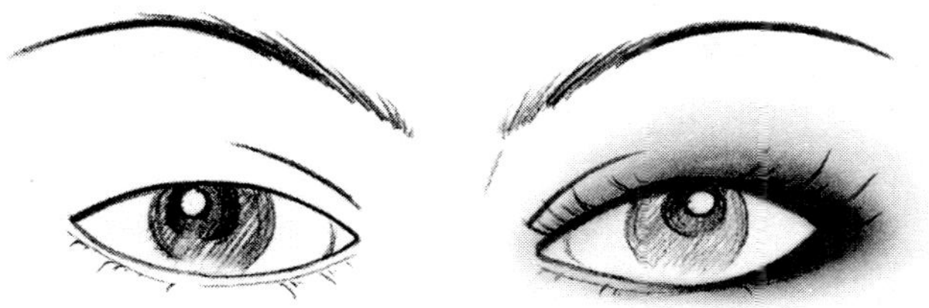

▮그림 3-10▮ 눈과 눈 사이가 좁은 눈

7) 쌍꺼풀이 없는 눈

- **아이섀도** : 붉은 계열이나 펄이 과도하게 들어가 있는 섀도는 눈이 부어보이므로 피하는 것이 좋으며 아이라인 쪽을 강하게 그러데이션 해준다. 또는 다이 홀을 잡아 그러데이션 해주거나 눈썹 뼈 부분에 하이라이트를 주어 입체감을 표현한다.
- **아이라인** : 눈을 뜬 상태에서 아이라인이 보이도록 그려주고 눈을 감은 뒤 사이사이를 메워준다. 진한 아이섀도 색상으로 그러데이션하여 눈의 깊이감을 표현한다.
- **인조 속눈썹** : 말려들어갈 것을 생각하여 조금 긴 속눈썹을 붙여준다.

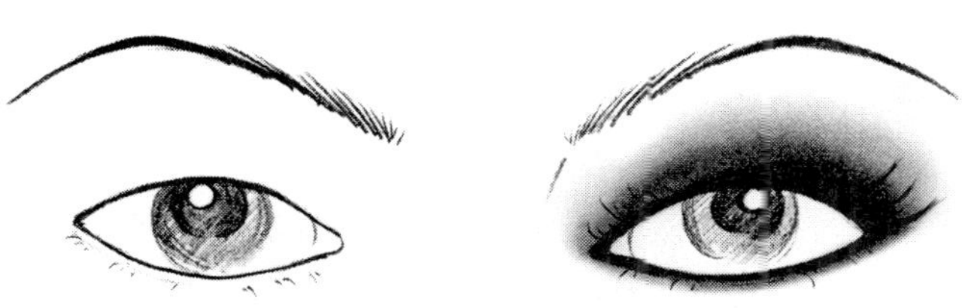

▮그림 3-11▮ 쌍꺼풀이 없는 눈

8) 움푹 들어간 눈

- **아이섀도** : 아이 홀 부분이 들어간 눈의 형태로 나이가 들어 보이며 눈두덩이 중앙에 밝은 색상의 섀도나 펄이 들어간 섀도를 이용하여 하이라이트를 표현한다.
- **아이라인** : 모델의 눈 모양에 맞추어 수정하되 두껍지 않게 자연스럽게 그려준다.
- **인조 속눈썹** : 아이라인에 맞추어 자연스럽게 마스카라하거나 속눈썹을 연출한다.

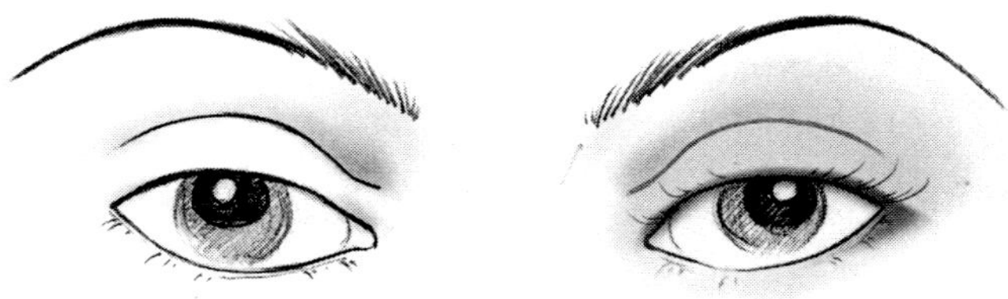

‖ 그림 3-12 ‖ 움푹 들어간 눈

▶ 수행내용 3-2 / 눈 형태에 따른 수정 메이크업

재료·자료

- 아이섀도 팔레트, 아이라이너 펜슬, 아이섀도 브러시, 면봉

수행순서

1. 눈 형태가 이상적인 눈이 될 수 있도록 아이섀도와 아이라이너 펜슬을 이용하여 수정메이크업 하기

- 작은 눈

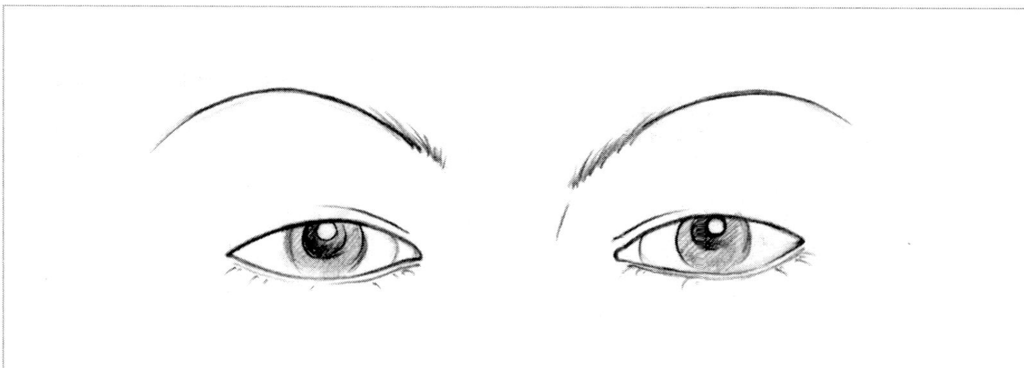

- 눈꼬리가 처진 눈

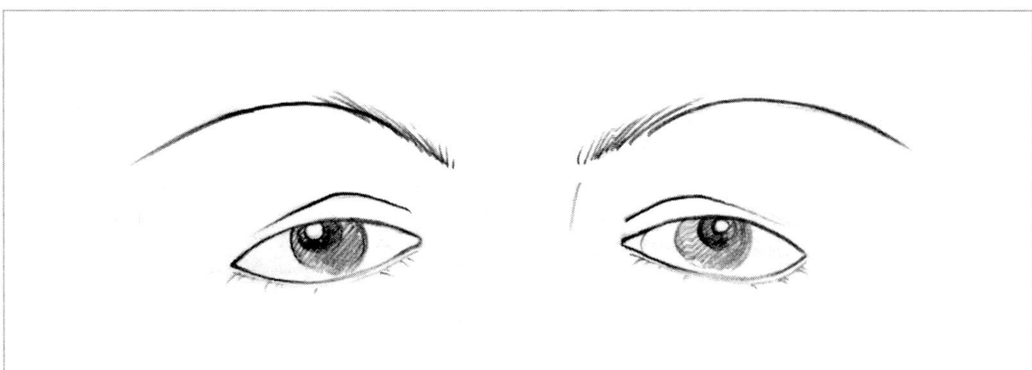

▪ 눈꼬리가 올라간 눈

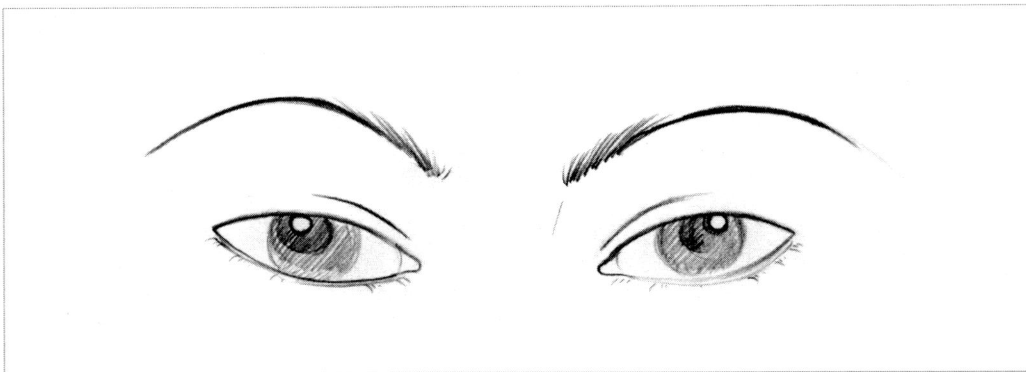

▪ 눈이 크고 돌출된 눈

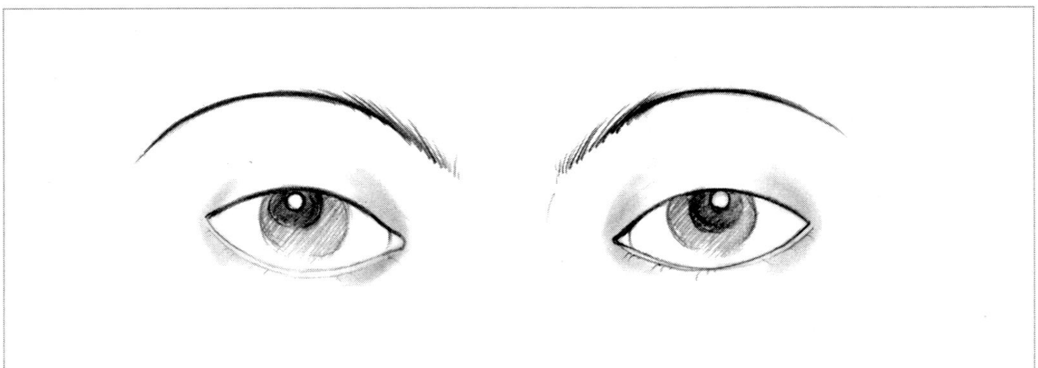

▪ 움푹 들어간 눈

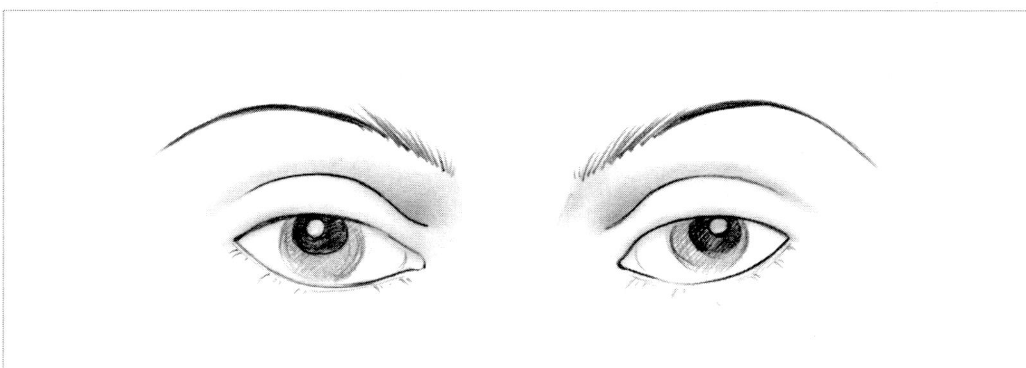

▪ 눈과 눈 사이가 먼 눈

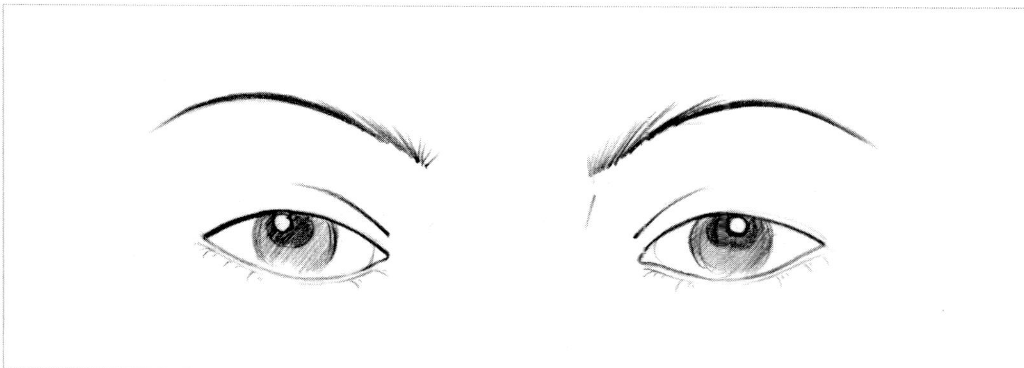

▪ 미간이 좁은 눈

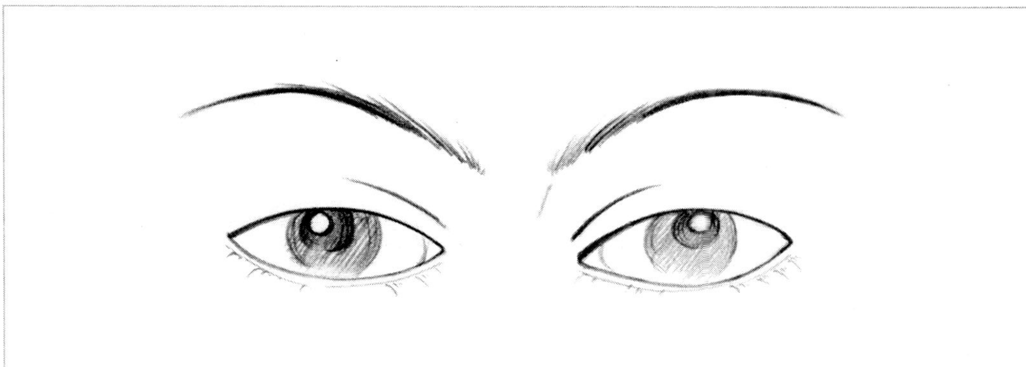

▪ 쌍꺼풀 없는 눈

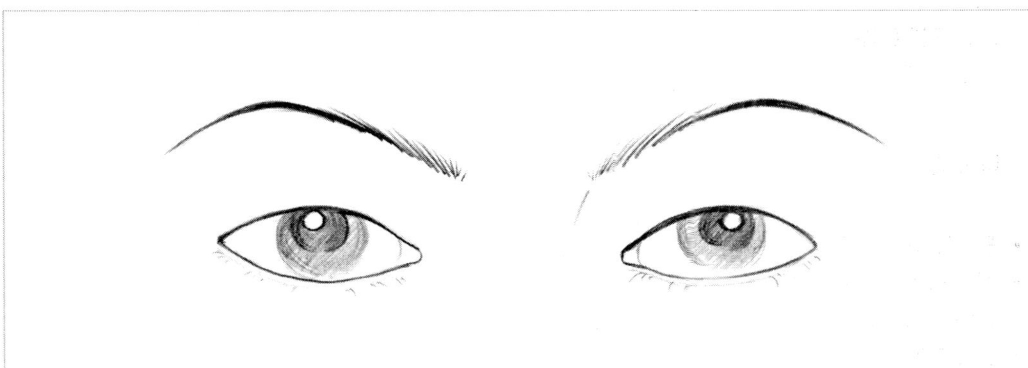

학습3 평가

평가준거

- 평가자는 학습자가 학습 목표 및 평가 항목에 제시되어 있는 내용을 성공적으로 수행하였는지를 평가해야 한다.
- 평가자는 다음 사항을 평가해야 한다.

학습내용	평가 항목	성취수준		
		상	중	하
아이 메이크업	• 재료의 특성에 따른 질감, 발색, 밀착성, 발림성 등을 구분·선택할 수 있다.			
	• 눈의 형태, 결점보완을 위한 아이섀도를 사용할 수 있다.			
	• 메이크업 디자인에 적합한 눈매를 표현할 수 있다.			
	• 눈의 형태, 눈동자, 모발 및 눈썹 등을 고려하여 아이라인을 표현할 수 있다.			
	• 속눈썹 상태, 메이크업 디자인에 적합한 마스카라 제품을 사용할 수 있다.			

평가방법

- 자료조사
- 포트폴리오(매뉴얼 북)
- 작업장평가

피드백

- 평가자 질문 종료 후 잘못된 부분을 수정하여 준다.
- 질문 내용을 다시 한 번 주지시켜 주고 주요내용을 정리해 준다.
- 잘못된 부분을 비교·관찰하여 수정할 수 있도록 하며 재학습할 수 있도록 한다.
- 평가결과가 낮은 학생은 재학습 후 재평가 한다.

학습1	베이스 메이크업(1201010316_16v3)
학습2	아이브로 메이크업(1201010317_14v3.1)
학습3	아이 메이크업(1201010317_14v3.2)
학습4	**립&치크 메이크업(1201010317_14v3.3)**
학습5	속눈썹 연출(1201010318_16v3)

NARS

4-1. 립 메이크업 Lip Makeup

학습목표	• 색조 메이크업은 고객의 얼굴 형태와 특성, 이미지 등과 조화를 이룰 수 있는 아이 브로, 아이, 립&치크 메이크업을 실행할 수 있는 능력이다.
세부목표	① 입술 형태에 따른 립 메이크업을 디자인 할 수 있다. ② 입술 형태, 상태에 따른 립 메이크업 제품을 선택할 수 있다. ③ 입술 형태에 따른 립 메이크업을 수정 보완할 수 있다.

1. 도구 Tool

명칭	특징	사진
립 브러시 Lip Brush	소재 : 탄력 있고 힘 있는 천연모나 합성모 형태 : 끝이 납작하고 둥근 형태 활용 : 립스틱을 바르거나 립라인을 자연스럽게 그러데이션 시켜줄 때 사용	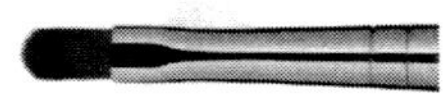

MAKE UP FOR EVER PROFESSIONAL - PARIS COLOR CHART SPRING - SUMMER, 2016

2. 립 메이크업 Lip Makeup

1) 기능

- 색을 부여하여 혈색을 주고 음영효과로 입체감이 표현한다.
- 입술 보호효과와 영양공급을 한다.
- 입술의 형태를 수정하여 얼굴 전체의 비율을 조절한다.

2) 화장품 종류

- **립스틱 Lip stick** : 가장 대중적이며 사용이 간편한 제품으로 매트한 질감부터 글로시한 질감까지 다양하다.
- **립글로스 Lip Gloss** : 투명하고 자연스러운 색상으로 입술에 윤기를 주거나 입체감을 줄 때 사용한다. 지속력은 다소 떨어지며 자외선 차단기능과 입술보호 기능이 있는 제품들도 있다.
- **립 팔레트 Lip Palettes** : 크림 유형으로 색상 혼합이 자유롭고 다양하다.

- **립 틴트 Lip Tint** : 착색제의 일종으로 지속력이 오래가고 선명하나 입술을 건조하게 만들어 립글로스와 함께 사용하는 것이 좋다.
- **립 밤 Lip Balm** : 입술보호 효과가 있고 영양을 공급하며 SPF성분이 함유된 제품도 있다.
- **립라이너 펜슬 Lip Liner Pencil** : 입술 윤곽을 또렷하게 표현하고 얼굴 비율과 균형에 맞춰 입술의 형태를 수정하기 위해 사용한다. 색상의 번짐을 막아주며 지속력이 높다.
- **립 크레용 Lip Crayon** : 립라이너 펜슬보다 두꺼우며 사용이 편리하고 휴대가 간편하다. 깎아서 사용하는 형태와 오토펜슬 기능이 있는 형태도 나와 있으며 여름철에는 잘 물러진다.
- **립 라커 Lip Lacquer** : 틴트 스타일로 선명하고 발색이 뛰어나며 광택이 있고 밀착력과 지속력이 띄어나다.

3) 립 메이크업의 기본 형태

그림 4-1 입술의 명칭과 비율

구분	특징	이미지
아웃커브 Out curve	• 입술 선을 늘려 그리는 스타일 • 클래식하고 성숙한 여성미 표현	
인커브 In curve	• 여성스럽고 귀여운 이미지 표현 • 한복 메이크업, 시대 메이크업에 많이 사용	
스트레이트 커브 Straight curve	• 입술 선을 직선으로 그리는 스타일 • 강하고 지적인 이미지 표현	

4) 립스틱의 기본색상

립스틱색상을 선택할 시 고려해야 할 사항은 전체 메이크업의 이미지와 의상 색상, 모델의 피부톤, 입술색상, 연령, 건강상태를 고려하여 선택하여야 한다.

구분	특징
핑크계열 Pink	• 귀엽고 발랄한 이미지로 주로 젊은 층이 선호 • 밝은 피부에 적합하며 신부메이크업에 주로 사용
레드계열 Red	• 화려하고 여성스로운 이미지, 엘레강스, 관능적 이미지 • 톤 조절을 통해 젊은 층에서 중년층까지 다양한 연령에서 선호 • 입술을 강조한 포인트 메이크업에 사용
오렌지계열 Orange	• 건강하고 발랄하며 활동적인 이미지로 젊은 층이 선호 • 피부색이 어둡거나 노란 계열의 피부에 주로 사용
브라운계열 Brown	• 무난하고 차분한 이미지 • 중년층에서 주로 사용하지만 톤의 조절을 통해 베이지 계열은 젊은 층에서 선호
퍼플계열 Purple	• 우아하고 세련된 이미지 • 화려하고 환상적인 이미지 표현

5) 립 메이크업 표현방법

① 메이크업 시술 전 립밤(Lip Balm)이나 컨디셔너(Conditioner) 등을 발라 입술을 부드럽고 촉촉하게 만든다.

② 베이스 메이크업 시 파운데이션으로 입술선과 입술색을 지워준다.

③ 립 라이너나 립스틱을 사용하여 입술선을 그리되 구각과 입술산의 형태를 주의하여 그려준다.

④ 립 브러시에 립 색상을 충분히 묻힌 후 원하는 질감과 색을 채운다.

⑤ 이미지에 따라 립글로스, 펄파우더로 입체감있는 입술을 표현한다.

3. 입술형태에 따른 수정메이크업

형태	수정방법	이미지
얇은 입술	립 라이너로 원래 입술선보다 1-2mm 정도 바깥쪽으로 그려준다. 밝은 색상이나 립글로스를 입술 중앙 부분에 발라 입체감을 표현	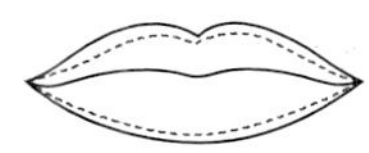
두껍고 큰 입술	파운데이션이나 컨실러로 입술선을 없애준 후 원래 입술선보다 1-2mm 정도 안쪽으로 그려준다. 너무 밝은 색상이나 펄이 들어간 색상은 두꺼운 입술을 강조되므로 피하는 것이 좋다.	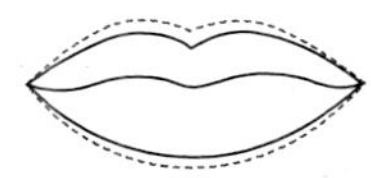
작은 입술	입술산을 낮추어 그리고 입 꼬리를 조금 연장하여 그려준다 입술 중앙에 밝은 색상으로 하이라이트를 주어 입체감 부여한다.	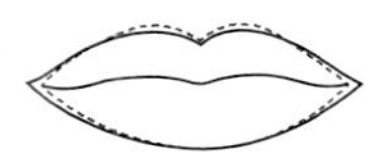
입 꼬리가 처진 입술	입 꼬리가 처지면 우울하고 생기 없어 보이는 인상을 주게 되므로 컨실러를 이용하여 구각부분을 지운다. 입술 끝을 1mm 정도 위로 올려 그려준다. 입술산이 높지 않게 그려주고 인커브로 마무리	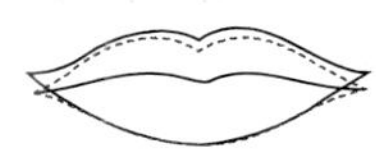

▶ 수행내용 4-1 / 입술 형태

재료 · 자료

- 연필, 지우개

수행순서

1. 입술 모양의 좌우 대칭을 맞춰준다.
2. 윗입술과 아랫입술의 비율이 1:1.5가 되도록 한다.
3. 입술 선은 깔끔하게 표현한다.
4. 구각을 정확히 맞춘다.

◆ 연필을 사용하여 다양한 입술형태 익히기

Out Curve

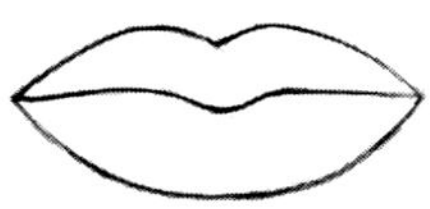

In Curve

Straight Curve

4-2. 블러셔 메이크업 Blusher Makeup

학습목표	• 색조 메이크업은 고객의 얼굴 형태와 특성, 이미지 등과 조화를 이룰 수 있는 아이 브로, 아이, 립&치크 메이크업을 실행할 수 있는 능력이다.
세부목표	① 얼굴 형태, 피부 톤, 메이크업디자인에 따른 치크 메이크업을 디자인 할 수 있다. ② 제품 유형별 표현 이미지를 구분하여 치크 메이크업을 실행 할 수 있다. ③ 메이크업 이미지에 따른 립&치크 컬러를 연출 할 수 있다.

블러셔 또는 치크(Cheeks)라고 불리며 얼굴의 표정을 만들어 준다. 창백하고 칙칙한 피부를 화사하고 생기있는 건강한 얼굴로 표현해주며 다양한 이미지를 연출해주는 역할을 한다.

1. 도구 Tool

명칭	특징	사진
블러셔 브러시 Blusher Brush	• 소재 : 부드러운 천연모 • 형태 : 끝이 둥글거나 사선모양, 납작하면서 둥근 형태 등 다양한 형태 • 활용 : 자연스러운 블러셔 표현이나 하이라이트, 섀딩 시 사용	

MAKE UP FOR EVER PROFESSIONAL - PARIS COLOR CHART SPRING - SUMMER, 2016

2. 블러셔 메이크업 Blusher Makeup

1) 기능

- 생기와 혈색을 부여하여 생동감을 준다.
- 표현하는 위치에 따라 얼굴형을 수정·보완한다.
- 평면적인 얼굴에 음영을 주어 입체감을 표현한다.

2) 화장품 종류

- **케이크 타입((Cake Type)** : 아이섀도와 겸용으로 일반적으로 가장 많이 사용하는 타입이다. 브러시로 표현하며 색상이 다양하고 그러데이션이 간편하다.
- **크림 타입(Cream Type)** : 자연스러운 표현이 가능하며 케이크 타입에 비해 촉촉한 표현을 하는데 용이하여 건성 피부에 적당하다. 지속력과 발색력이 뛰어나고 그러데이션이 용이하다.
- **리퀴드 타입(Liquid Type)** : 입술과 함께 사용할 수 있는 유형이 많으며 느낌이 가볍다. 투명하게 표현되고 그러데이션 하는 것에 주의해야 한다.

3) 블러셔의 기본 위치

- 모델이 정면을 바라보고 눈동자 중앙에서 내려오는 수직선과 가로로 코끝과 귀 밑을 잇는 선이 만나는 부분에 위치한다.
- 얼굴 바깥쪽에서 안쪽으로 들어오는 모양을 한다.

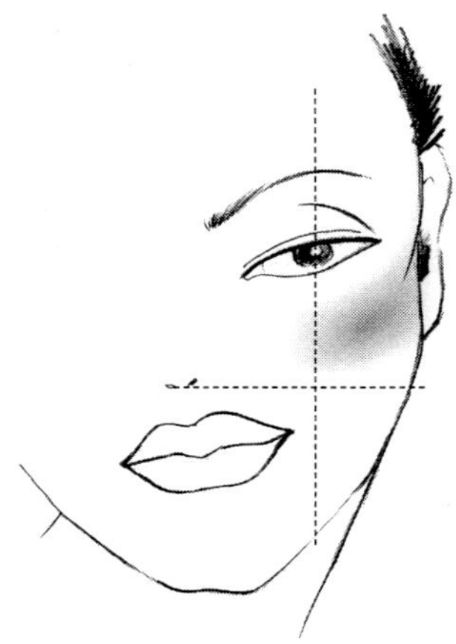

4) 블러셔의 기본색상

얼굴의 다른 부위 색상과 밀접한 관련이 있어 피부색, 아이섀도, 립 컬러와의 조화를 고려하여 선택한다. 톤에 따라 블러셔 색은 매우 다양하지만 크게 구분하면 핑크계열, 오렌지 계열, 브라운 계열로 나눌 수 있다.

구분	특징
핑크계열 Pink	• 사랑스럽고 귀여운 이미지 • 창백하거나 희고 투명한 피부에 적합 • 연령이 높거나 피부색이 어두울수록 명도가 높은 핑크는 피하야 한다.
오렌지계열 Orange	• 밝은 피부보다는 어두운 피부에 사용 • 노란색이 많이 가미된 오렌지 색상은 혈색 부여보다는 칙칙해 보일수 있으므로 피하는 것이 좋다.
브라운계열 Brown	• 혈색을 부여하기 보다는 입체감 강조 • 흑백 메이크업 시 주로 사용

5) 이미지에 따른 블러셔

이미지	표현방법
귀여운 이미지	• 볼 중앙 부분(애플존)을 중심으로 동그랗게 펴발라줌
지적이고 세련된 이미지	• 볼뼈 위쪽은 밝은 색으로 하이라이트를 주고 볼뼈 아래는 조금 어둡게 입체감을 주어 표현
여성스러운 이미지	• 볼 뼈를 감싸듯이 관자놀이를 향하여 둥글고 부드럽게 표현
활동적 이미지	• 볼뼈 아랫부분에 직선의 느낌으로 섀딩을 표현하여 건강미와 활동적 이미지를 줌

귀여운 이미지

지적이고 세련된 이미지

여성스러운 이미지

활동적 이미지

6) 블러셔 표현방법

(1) 케이크 타입(Cake Type)

- 블러셔 브러시의 청결 상태를 반드시 확인하고 블러셔의 양을 조절하여 브러시를 터치한다.
- 볼에서 관자놀이 방향으로 광대뼈를 감싸듯이 경계가 생기지 않도록 블렌딩 해준다.
- 거울로 양쪽 균형을 확인하고 수정이 필요한 부분을 더 바르거나 진한 부분은 퍼프나 브러시로 수정 해준다.

(2) 크림 타입(Cream Type) & 리퀴드 타입(Liquid Type)

- 파운데이션 사용 후 손가락이나 파운데이션 브러시를 사용하여 표현한다.
- 뭉치지 않도록 소량을 도구에 묻혀 필요 위치에 발라준다. 한 번에 색상이 표현되지 않으므로 여러 번 덧발라 원하는 톤을 만들어 준다.
- 중심은 진하고 외곽으로 갈수록 그러데이션 해준다.
- 가볍게 파우더를 도포하거나 파우더를 사용하지 않고 촉촉한 피부표현으로 마무리한다.

학습4 평가

평가준거

- 평가자는 학습자가 학습 목표 및 평가 항목에 제시되어 있는 내용을 성공적으로 수행하였는지를 평가해야 한다.
- 평가자는 다음 사항을 평가해야 한다.

학습내용	평가 항목	성취수준		
		상	중	하
립&치크 메이크업	• 입술 형태에 따른 립 메이크업을 디자인 할 수 있다.			
	• 입술 형태, 상태에 따른 립 메이크업 제품을 선택할 수 있다.			
	• 입술 형태에 따른 립 메이크업을 수정 보완할 수 있다.			
	• 얼굴 형태, 피부 톤, 메이크업디자인에 따른 치크 메이크업을 디자인 할 수 있다.			
	• 제품 유형별 표현 이미지를 구분하여 치크 메이크업을 실행 할 수 있다.			
	• 메이크업 이미지에 따른 립&치크 컬러를 연출 할 수 있다.			

평가준거

- 자료조사
- 포트폴리오(매뉴얼 북)
- 작업장평가

피드백

- 평가자 질문 종료 후 잘못된 부분을 수정하여 준다.
- 질문 내용을 다시 한 번 주지시켜 주고 주요내용을 정리해 준다.
- 잘못된 부분을 비교·관찰하여 수정할 수 있도록 하며 재학습할 수 있도록 한다.
- 평가결과가 낮은 학생은 재학습 후 재평가 한다.

학습1	베이스 메이크업(1201010316_16v3)
학습2	아이브로 메이크업(1201010317_14v3.1)
학습3	아이 메이크업(1201010317_14v3.2)
학습4	립&치크 메이크업(1201010317_14v3.3)
학습5	**속눈썹 연출(1201010318_16v3)**

5. 인조속눈썹 False Eyelashes

학습목표	• 속눈썹 연출은 눈의 형태 등을 고려하여 인조 속눈썹을 디자인하고 제작하여 연출 할 수 있는 능력이다.
세부목표	① 고객의 속눈썹의 상태, 눈의 형태 등을 구분할 수 있다. ② 눈의 형태에 따라 인조속눈썹을 디자인하여 제작할 수 있다. ③ 인조 속눈썹 부착을 위한 제품, 도구를 사용할 수 있다 ④ 속눈썹과의 자연스러운 조화를 위해 수정할 수 있다. ⑤ 제품·도구 등을 활용하여 인조속눈썹을 제거할 수 있다. ⑥ 작업에 사용한 제품·도구 등을 위생적으로 관리할 수 있다.

1) 기능

- 눈매를 크고 또렷하게 수정·보완해 준다.
- 속눈썹을 풍성하게 만들어 주며 길어 보이게 한다.
- 패션쇼나 판타지 메이크업, 보디페인팅 등 특별한 이미지를 효과적으로 연출해 준다.

2) 화장품 종류

- **일반 속눈썹 Strip lashe** : 전체적으로 모양이 만들어져 있어 사용이 간편하며 모델의 눈 길이에 맞춰 다양한 이미지를 연출할 수 있다.
- **낱개 속눈썹 Individual lashe** : 낱개로 나누어져 있어 하나씩 트위저로 속눈썹 사이사이에 붙여 자연스러운 눈매를 연출할 수 있다. 길이가 보통 8mm, 10mm, 12mm나 쇼트(Shot), 미디엄(Midium), 롱(Long) 등 눈썹모양이나 이미지에 맞추어 선택하여 사용한다. 또한 일반 속눈썹에 비해 시간과 노력, 연습이 많이 요구된다.

- **연장용 속눈썹 Extension lashe** : 모델의 속눈썹 위에 인조 속눈썹을 글루를 이용하여 한 올 한 올 연장하여 붙이는 방법으로 일회용이 아닌 2~4주정도의 지속력을 가지고 있다. 모델의 눈 모양과 이미지에 맞는 컬의 모양과 길이를 선택하여 시술하여야 한다.

‖ 그림 5-1 ‖ 일반 속눈썹 Strip lashe

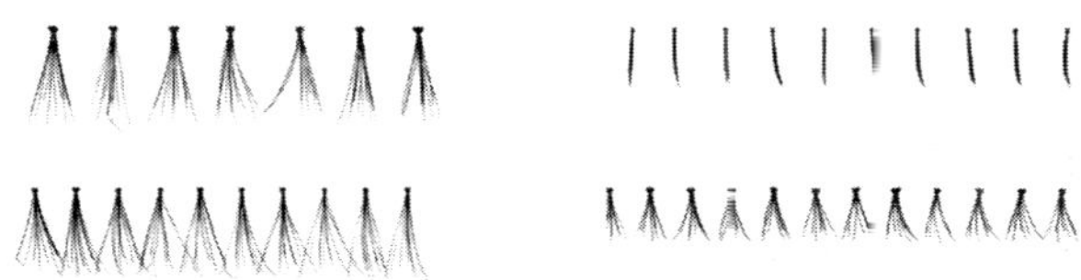

‖ 그림 5-2 ‖ 낱개 속눈썹 Individual lashe

‖ 그림 5-3 ‖ 아트 속눈썹 Art lashe

▶ 수행내용 5-1 / 인조속눈썹 표현

재료 · 자료

- 면봉, 티슈, 손 소독제
- 다양한 형태의 인조속눈썹, 속눈썹 전용 풀, 눈썹 가위, 트위저, 아이라이너, 아이래시컬러
- 거울이 포함된 작업대, 메이크업 의자

안전 · 유의 사항

- 메이크업을 하기 전에 메이크업 아티스트는 손을 세정하고 작업 환경을 청결히 한다.
- 제품의 위생을 고려하여 보관할 때 깨끗한 상태를 유지하고 작업 전 반드시 도구와 기구를 소독하며, 유효 기간이 있는 제품은 사전에 확인한다.

수행순서

1. 아이 메이크업을 완성한다.

아이래시컬러 → 아이섀도 → 아이라이너

2. 모델의 눈 모양을 파악하고 인조속눈썹을 선택한다.

모델의 눈 모양을 파악하고 메이크업의 이미지에 맞춰 인조속눈썹의 길이와 형태를 정한다.

3. 인조 속눈썹을 붙인다(일반 속눈썹 Stipe Eyelashes).

① 속눈썹을 케이스에서 뗀 후 손으로 살짝 풀기를 제거하여 자연스럽게 만들어 준다.

② 모델의 눈 길이에 맞추어 속눈썹 길이를 커트해 준다.(눈썹꼬리 부분 커트)

③ 속눈썹 접착제를 묻힌 후 적당히 건조시키고(접착력을 높이기 위하여) 최대한 속눈썹 가까이에 붙여 준다.

④ 눈 앞머리는 1～2mm 정도 뒤로 붙여야 눈에 자극이 없으며, 속눈썹이 처지지 않도록 각도를 조절하여 붙여 준다.

4. 아이라이너와 마스카라로 마무리한다.

젤이나 리퀴드 아이라이너를 이용하여 인조속눈썹과 피부사이에 얇게 아이라인을 그려준다. 마스카라를 이용하여 인조속눈썹과 모델의 속눈썹을 붙여주어 자연스러운 속눈썹을 연출한다.

▪ **낱개 속눈썹(Individual Eyelashes) 수행순서**

① 가닥가닥 나뉘어져 원하는 눈매를 만들기 용이하고 길이가 다양하여 눈의 모양에 맞게 연출할 수 있다.
② 트위저로 속눈썹을 수평으로 잡고 그대로 속눈썹 사이사이에 붙여야 자연스럽고 풍성한 속눈썹을 연출할 수 있다.
③ 붙이는 순서는 눈을 감은 상태에서 눈썹 제일 중앙부분을 먼저 붙이고 그다음 중앙에서 꼬리 중간에 붙여 주고, 중앙에서 앞머리 중간에 붙이는 방식으로 등분하여 붙여주는 것이 효율적이다.
④ 접착제가 마를 때까지 손가락으로 고정한 후 아이라이너를 그리고 마스카라로 마무리 한다.

학습5 평가

평가준거

- 평가자는 학습자가 학습 목표 및 평가 항목에 제시되어 있는 내용을 성공적으로 수행하였는지를 평가해야 한다.
- 평가자는 다음 사항을 평가해야 한다.

학습내용	평가 항목	성취수준		
		상	중	하
속눈썹 연출	• 고객의 속눈썹의 상태, 눈의 형태 등을 구분할 수 있다.			
	• 눈의 형태에 따라 인조속눈썹을 디자인하여 제작할 수 있다.			
	• 인조 속눈썹 부착을 위한 제품, 도구를 사용할 수 있다.			
	• 속눈썹과의 자연스러운 조화를 위해 수정할 수 있다.			
	• 제품·도구 등을 활용하여 인조속눈썹을 제거할 수 있다.			
	• 작업에 사용한 제품·도구 등을 위생적으로 관리할 수 있다.			

평가방법

- 자료조사
- 포트폴리오(매뉴얼 북)
- 작업장평가

피드백

- 평가자 질문 종료 후 잘못된 부분을 수정하여 준다.
- 질문 내용을 다시 한 번 주지시켜 주고 주요내용을 정리해 준다.
- 잘못된 부분을 비교·관찰하여 수정할 수 있도록 하며 재학습할 수 있도록 한다.
- 평가결과가 낮은 학생은 재학습 후 재평가 한다.

6. 음영 메이크업 Contouring Makeup

학습목표	• 모델의 얼굴형이 입체감 있게 보이도록 음영 메이크업을 할 수 있다.
세부목표	① 음영 메이크업의 특징을 이해할 수 있다. ② 얼굴의 골격을 이해하고 설명할 수 있다. ③ 입체감 있는 베이스 메이크업의 표현방법을 알고 하이라이트와 섀딩을 적용할 수 있다. ④ 아이, 블러셔, 립 메이크업의 표현방법을 알고 적용할 수 있다.

음영 메이크업이란 얼굴에 하이라이트와 섀딩뿐 만 아니라 얼굴의 골격을 살펴 입체감을 주는 메이크업을 일컫는다.

Base

- 기초화장을 한 후 메이크업 베이스를 바른다.
- 크림 파운데이션이나 스틱 파운데이션을 이용하여 T존, Y존, 눈썹뼈, 입술산, 턱에 얼굴 톤보다 한두 톤 밝은 색상으로 하이라이트 해준다.
- 헤어라인과 페이스라인, 노즈 섀도, 광대뼈 아래 부분은 한톤 어두운 색상으로 섀딩하여 입체감을 표현한다.
- 두 가지 색상을 자연스럽게 블렌딩 해준다.
- 투명 파우더를 이용하여 파우더브러시로 가볍게 유분기를 제거한다.

www.pinterest.com

그림 5-4 음영메이크업(하이라이트&섀딩)

Eye Brows

- 눈썹 색상은 헤어색상과 맞추어주며 본인의 눈썹결을 최대한 살려 자연스럽게 표현해 준다.

Eye Shadow

- 아이섀도 색상은 최대한 자연스럽게 표현할 수 있는 옅은 브라운 색상이나 피부색상과 동일한 핑크베이지색상을 이용하여 베이스를 표현한다.

- 아이라인으로 갈수록 짙은 브라운 색상을 사용하여 자연스럽게 입체감을 살려준다.
- 아이라인은 블랙이나 다크브라운 펜슬타입을 사용하여 눈썹 사이를 메워 자연스럽고 또렷한 눈매를 연출한다.
- 블랙이나 브라운 마스카라를 이용하여 속눈썹을 풍성하게 만들어 준다.

Blusher

- 핑크피치나 핑크브라운으로 얼굴형에 적합하도록 광대뼈를 감싸듯이 입체감을 살려 연출한다.

Lip

- 핑크베이지 색상으로 입술모양을 살려주며 입술중앙부위에 립글로스로 입체감을 표현한다.

▸ 수행내용 6-1 / 예시 - Contouring Makeup

재료 및 도구

- 메이크업도구 일체, 손 소독제, 앞치마, 어깨보

장비

- 거울이 포함된 작업대, 메이크업 의자, HD 카메라, 프린트, 컴퓨터

안전 · 유의 사항

- 메이크업을 하기 전에 메이크업 아티스트는 손을 세정하고 작업 환경을 청결히 한다.
- 제품의 위생을 고려하여 보관할 때 깨끗한 상태를 유지하고 작업 전 반드시 도구와 기구를 소독하며, 유효 기간이 있는 제품은 사전에 확인한다.

수행순서

음영메이크업

Contouring Make-up

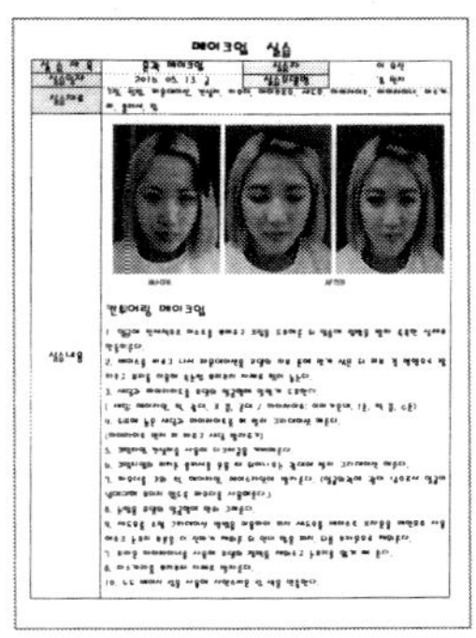

1. 잡지에서 음영 메이크업에 맞는 자료를 찾아 붙인다.
2. 모델의 시술 전 사진을 찍는다.
3. 모델의 피부톤을 파악하고 음영 메이크업에 적합한 재료를 선택하여 상호시술 한다.
4. 교수자에게 피드백을 받고 수정메이크업 한다.
5. 모델의 시술 후 사진을 찍는다.
6. 패턴지에 배운 내용을 복습하며 아이섀도를 이용하여 디자인한다.
7. 실습지에 시술 전 · 후 사진을 부착하고 내용을 정리한 후 피드백 내용을 다시 한 번 검토한다.

▸ 수행내용 6-2 / 자료사진 - Contouring Makeup

◆ 음영 메이크업 화보사진을 잡지에서 찾아 붙이시오.

사진부착

▶ 수행내용 6-3 / 패턴지 - Contouring Makeup

◆ 아이섀도를 사용하여 음영 메이크업의 패턴지를 완성하시오.

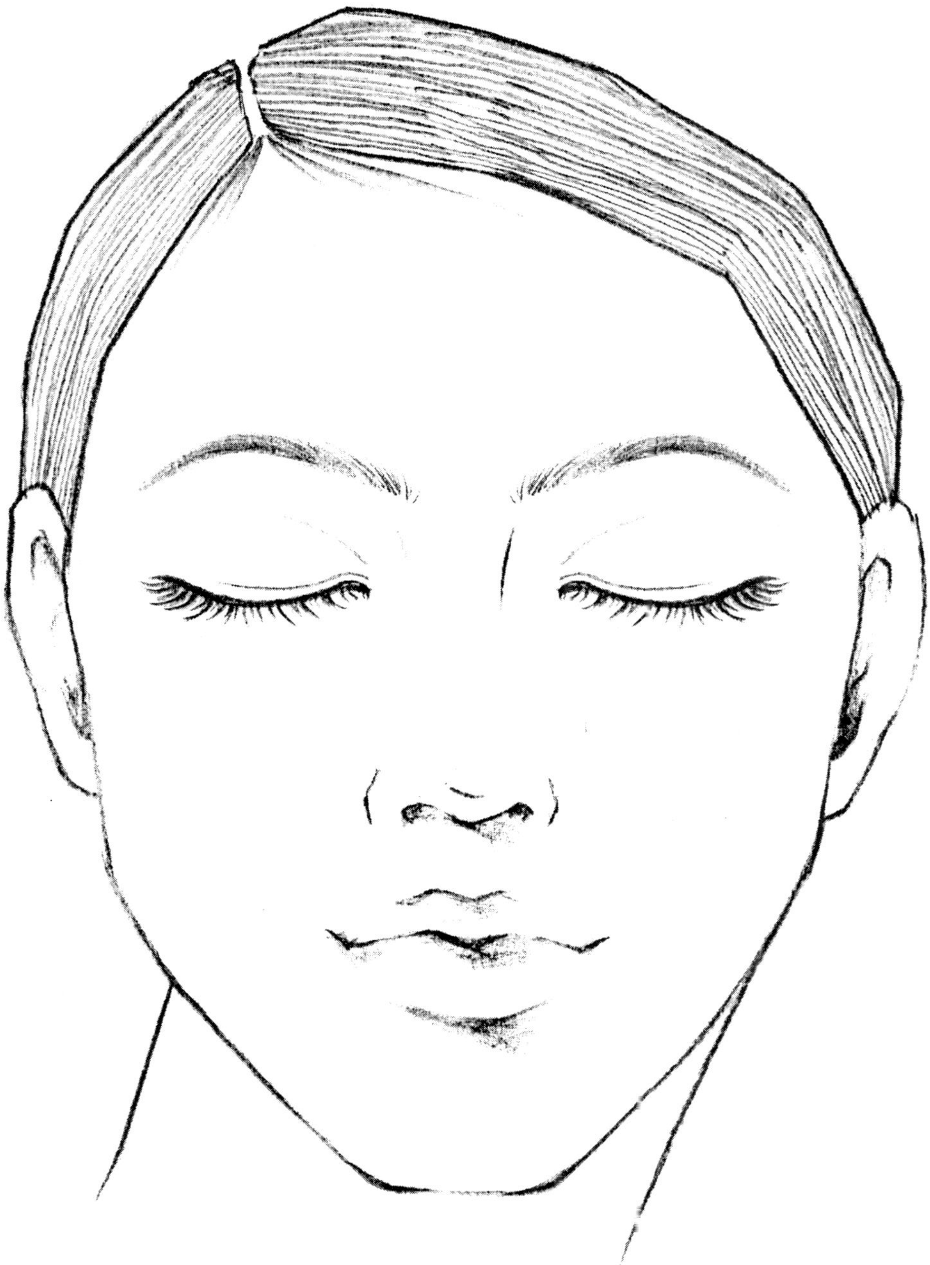

▶ 수행내용 6-4 / 실습지 - Contouring Makeup

<table>
<tr><td>실습제목</td><td></td><td>실습자</td><td></td></tr>
<tr><td>실습일자</td><td></td><td>실습모델</td><td></td></tr>
<tr><td>실습재료</td><td colspan="3"></td></tr>
<tr><td>실습내용</td><td colspan="3"><table><tr><td>사진첨부</td><td>사진첨부</td></tr><tr><td>시술 전</td><td>시술 후</td></tr></table></td></tr>
</table>

7. 내추럴 메이크업 Natural Makeup

학습목표	• 모델의 스타일과 얼굴형에 적합한 자연스러운 메이크업을 할 수 있다.
세부목표	① 내추럴 메이크업의 특징을 이해할 수 있다. ② 얼굴형태, 피부색을 고려하여 자연스러운 베이스 메이크업을 표현할 수 있다. ③ 내추럴 메이크업의 목적, 디자인을 반영한 아이 메이크업을 표현할 수 있으며 실제 적용할 수 있다. ④ 내추럴 메이크업 디자인, 스타일에 따른 아이브로를 자연스럽게 표현할 수 있다. ⑤ 내추럴 메이크업과 조화될 수 있는 립&치크 메이크업을 표현할 수 있다.

내추럴이란 '인위적으로 만든 것이 아닌, 자연 그대로'를 의미하며, 피부톤과 피부 질감을 살려 가장 자연스럽게 보이게 하기 위한 메이크업의 기본이 되는 화장을 의미한다. 피부의 잡티나 결점을 완벽하게 커버하기 보다는 소량의 메이크업 제품을 사용하여 최대한 자연스럽게 연출하는 메이크업으로 최근들어 가장 인기 있는 메이크업 테크닉 중 하나이다.

Base

- 모델의 피부유형에 맞는 기초제품을 선택하여 메이크업베이스를 바른다.
- 피부톤에 적합한 리퀴드 파운데이션을 선택하여 얼굴중앙부분은 한톤 밝은 색상으로 발라주고 외곽부분은 목 색상과 맞추어 자연스러운 음영을 표현한다.
- 콜렉터나 하이라이터 제품을 이용하여 다크 서클을 커버하고 눈 밑을 화사하게 표현한다.
- 투명 파우더를 이용하여 유분기를 제거한다.

Eye Brows

- 눈썹 색상은 헤어색상과 맞추어주거나 회갈색, 브라운 색상을 이용하여 얇지 않게 본인의 눈썹모양을 살려 그려준다.
- 투명아이브로 마스카라를 이용하여 눈썹 결을 살려준다.

Eye Shadow

- 베이지나 옅은 핑크로 베이스컬러를 눈두덩이 전체에 칠하고 메인컬러는 브라운, 피치, 핑크 색상으로 자연스럽게 입체감을 살려준다. 같은 색상을 이용하여 언더섀도를 표현한다.
- 아이라인은 블랙이나 다크브라운 펜슬타입을 사용하여 눈썹사이를 메워 자연스러운 눈매를 연출한다.
- 블랙이나 브라운 마스카라를 이용하여 속눈썹을 자연스럽게 연출한다.

| 그림 5-5 | 내츄럴 아이섀도

Blusher

- 연한 핑크나 피치 색상을 이용하여 자신의 얼굴형에 맞게 자연스럽게 블러셔 한다.

Lip

- 입술윤곽이 두드러지지 않도록 본인의 입술형태를 살려 연한 핑크, 연한 피치 색상의 립스틱이나 립글로스를 이용하여 마무리 한다.

| 그림 5-6 | 내츄럴 메이크업 패턴지

▪ 누드 메이크업 Nude Makeup

피부톤을 조절하기 위해 B.B크림이나 C.C크림을 바르거나 아주 얇게 리퀴드 파운데이션으로 투명하고 맑은 피부를 표현해 준다. 투명파우더를 이용하여 유분기를 잡아준다. 아이섀도의 경우 부드러운 브라운 계열로 눈의 입체감만을 살짝 표현해 주며 자연스러운 느낌을 더하기 위해 립스틱보다는 투명 립글로스나 옅은 색상의 립글로스로 마무리한다. 본 메이크업은 가장 자연스러운 피부표현에 중점을 둔다.

▸ 수행내용 7-1 / 예시 - Natural Makeup : Brown

재료 · 도구

- 메이크업도구 일체, 손소독제, 앞치마, 어깨보

장비

- 거울이 포함된 작업대, 메이크업 의자, HD 카메라, 프린트, 컴퓨터

안전 · 유의 사항

- 메이크업을 하기 전에 메이크업 아티스트는 손을 세정하고 작업 환경을 청결히 한다.
- 제품의 위생을 고려하여 보관할 때 깨끗한 상태를 유지하고 작업 전 반드시 도구와 기구를 소독하며, 유효 기간이 있는 제품은 사전에 확인한다.

수행순서

Natural
Makeup
[brown]

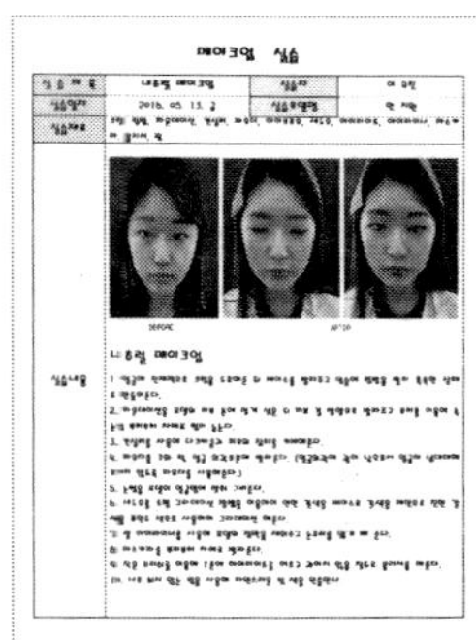

1. 잡지에서 내추럴 메이크업에 맞는 자료를 찾아 붙인다.
2. 모델의 시술 전 사진을 찍는다.
3. 모델의 피부톤을 파악하고 이에 적합한 재료를 선택하여 상호시술 한다.
4. 교수자에게 피드백을 받고 수정메이크업 한다.
5. 모델의 시술 후 사진을 찍는다.
6. 패턴지에 배운 내용을 복습하며 아이섀도를 이용하여 디자인한다.
7. 실습지에 시술 전 · 후 사진을 부착하고 내용을 정리한 후 피드백 내용을 다시 한 번 검토한다.

▸ 수행내용 7-2 / 자료사진 - Natural Makeup : Brown

◆ 브라운 아이섀도로 표현된 내추럴 메이크업 화보사진을 잡지에서 찾아 붙이시오.

사진부착

▸ 수행내용 7-3 / 패턴지 - Natural Makeup : Brown

◆ 아이섀도를 사용하여 내추럴 메이크업(브라운 아이섀도)의 패턴지를 완성하시오.

▸ 수행내용 7-4 / 실습지 - Natural Makeup : Brown

<table>
<tr><td>실습제목</td><td></td><td>실습자</td><td></td></tr>
<tr><td>실습일자</td><td></td><td>실습모델</td><td></td></tr>
<tr><td>실습재료</td><td colspan="3"></td></tr>
<tr><td>실습내용</td><td colspan="3">사진첨부
시술 전

사진첨부
시술 후</td></tr>
</table>

▶ 수행내용 7-5 / 자료사진 - Natural Makeup : Fink

◆ 핑크 아이섀도로 표현된 내추럴 메이크업 화보사진을 잡지에서 찾아 붙이시오.

사진부착

▶ 수행내용 7-6 / 패턴지 - Natural Makeup : Pink

◆ 아이섀도를 사용하여 내추럴 메이크업(핑크 아이섀도)의 패턴지를 완성하시오.

▶ 수행내용 7-7 / 실습지 - Natural Makeup : Pink

실습제목		실습자	
실습일자		실습모델	
실습재료			
실습내용	사진첨부 시술 전	사진첨부 시술 후	

학습5-2 평가

평가준거

- 평가자는 학습자가 학습 목표 및 평가 항목에 제시되어 있는 내용을 성공적으로 수행하였는지를 평가해야 한다.
- 평가자는 다음 사항을 평가해야 한다.

학습내용	평가 항목	성취수준		
		상	중	하
메이크업 경향 파악	• 내추럴 메이크업 자료 조사			
	• 내추럴 메이크업 콘셉트 이해하고 설명			
	• 모델의 피부톤 파악하고 진단			
베이스 메이크업	• 모델 얼굴 톤에 적합한 메이크업 베이스의 색과 질감 분석하고 적용			
	• 모델 얼굴 톤에 적합한 파운데이션의 색과 질감 분석하고 적용			
	• 얼굴잡티 커버			
	• 하이라이트, 섀딩			
아이 메이크업	• 콘셉트에 적합한 아이브로 색상과 질감 선택			
	• 얼굴형에 적합한 아이브로 모양 선택 및 적용			
	• 내추럴 메이크업에 적합한 섀도 선택 및 적용			
	• 아이라이너 선택과 적용			
	• 마스카라 선택과 적용			
립 메이크업	• 전체 메이크업에 적합한 립 선택 및 적용			
블러셔 메이크업	• 얼굴형에 적합한 볼 메이크업 색상과 질감 선택			
	• 블러셔의 위치와 적용			
전체 조화	• 내추럴 메이크업에 적합한 전체 분위기			

평가방법

- 자료조사
- 포트폴리오(매뉴얼 북)
- 작업장평가

피드백

- 평가자 질문 종료 후 잘못된 부분을 수정하여 준다.
- 질문 내용을 다시 한 번 주지시켜 주고 주요내용을 정리해 준다.
- 잘못된 부분을 비교·관찰하여 수정할 수 있도록 하며 재학습할 수 있도록 한다.
- 평가결과가 낮은 학생은 재학습 후 재평가 한다.

<참고문헌>

메이크업 기초, 김선영, 이선경, 연성대학교, 2014.

미용미학과 미용문화사, 전선정 외 3인, 청구문화사, 2001.

조선에서 온 사진엽서, 권혁희, 민음사, 2005.

패션, 문화를 말하다, 이재정, 박신미, 애경, 2011.

한국화장문화사, 전완길, 열화당, 1987.

화장품광고 어제와 오늘-재미있는 화장품광고이야기

AMOREPACIFIC, 60Years of creativity, 1945-2005

Italia Vogue

MAKE UP FOR EVER PROFESSIONAL - PARIS COLOR CHART SPRING - SUMMER, 2016

MAKE UP ICON, 권구정 외 3인, 청구문화사, 2006.

Vogue make-up, Juliet Coher, Carlton, 2001.

http://blog.daum.net/msprint/12853877

http://blog.naver.com/jiwoo245/220575112583

http://blog.naver.com/PostView.nhn?blogId=brainpi&logNo=220484192535&categoryNo=139&parentCategoryNo=0&viewDate=&currentPage=5&postListTopCurrentPage=&from=postList&userTopListOpen=true&userTopListCount=5&userTopListManageOpen=false&userTopListCurrentPage=5

http://www.pinterest.com

Basic Makeup

2016년 12월 20일 초판인쇄
2016년 12월 26일 초판발행

지은이 : 김선영

펴낸이 : 이상태
펴낸곳 : 청구문화사
주소 : (03706) 서울특별시 서대문구 성산로11길 15
전화 : 02)332-0541 FAX : 02)337-9577
등록 : 1990년 11월 2일 제9-247호

가격 15,000원

ISBN 978-89-5616-720-6 93590